real you |
or |
fake you |

假如你真的是假的

果壳 Guokr.com 著

ZHEJIANG UNIVERSITY PRESS
浙江大学出版社

目录

Chapter 3

Chapter 4

是否我做错

不是我杀的人，是我的大脑和基因 /207

精确信息没必要，难得糊涂表现好 /211

人生导师的建议为何不实用？/215

人类是怎样通过犯错误来适应世界的？/220

你的生活方式，大脑喜欢吗？/226

大脑和你有矛盾，最终决策谁做主？/233

生活通常比你想象的更平淡 /237

傲慢让人更偏见？/242

顾全大局还是追求细节？/245

有一种错觉叫自由意志 /250

假面的告白

不要说你不是"道德家" /261

集思≠广益 贼仔街 /265

给黑帮老大做心理测试 /269

你要相信，老大哥在看你 /274

人类可以阻止说谎吗？/278

巧克力也动摇不了我的同情心 /282

刻章救妻：为何会陷入道德两难？/287

医生的痛，你为何不懂？/296

我们为什么爱"攒人品"？/303

中秋节送月饼，是心意还是负担？/307

路人漠视被撞女童，这也是人性？/311

假 装的艺术

你在网上是怎样伪装自己的？

cobblest

> 经验说：互联网上每个人呈现的往往不是真面目，有偏差。
> 实验说：偏差基本上也都在大家可以理解和接受的范围内。

"在网上，没人知道你是只狗。"互联网世界奇人志士辈出，可露出庐山真面目后，很多人的真实样子却往往让心怀期待的粉丝们大跌眼镜：原来那个在网上叱咤风云的大侠只是个戴黑框眼镜的文弱书生(请勿对号入座)；而写一手委婉悱恻小言的"美女"却是一个彪形大汉。倘若在以恋爱征婚为目的的交友网站上，面纱下的各色男女就更加深不可测了。由于越来越多的人开始使用交友网站来寻找自己的另一半，果壳心事鉴定组有必要帮大家擦亮双眼，看清显示器背后那个人到底是什么样子。

2012 年，密歇根州立大学的尼克尔·埃里森 (Nicole B. Ellison) 等几位媒体研究者在《新媒体学会》(New Media Society) 上的一篇文章就试图探寻以下这个问题：和真实的自我相比，人们在匿名时的"自我"到底有几分虚、几分实。研究者从几大在线交友网站上找到了 37 名参与在线交友的用户,收集了这些人在交友网站上的个人档案,并和实际情况做了对比。之后,他们对这些用户展开了有关"不真实"部分的访谈,其中包括如何解释这些不真实的信息以及对偏差性信息的接受程度,等等。结果不出所料,大部分人在征友网站上的自我描述都与实际情况有一定的偏差。不过有趣的是,人们对这些真真假假的信息并不完全反感,对于偏差信息的看法也呈现出有趣的规律。

时间差:不同步的"谎言"

在互联网上,人们对"自我"的限定似乎有一个很宽的界限,这个"自我"既包含过去—现在—未来,也包括现实和理想的混合体。所以很多人在自我介绍中都打了一个"时间差":将"自己"过去或者将来的样子放在档案中,其中很多信息与自己当下的状况并不符合。通过这种方法,人们可以既呈现一个正面的形象又避免说谎。

虽然这有些不妥,但信息的"可变性"决定了这种时间差是否能够被人接受:易变的特性(例如发型)的变化比某些固定的属性(例如年龄或身高)的偏差更容易让人接受。此外,这个偏差的程度大小也会在考虑范围之内。如果你是一个 30 岁、200 斤的胖子,却放上一张自己本科时 130 斤的照片,恐怕就要让很多人大呼上当了。

有时候,人们也会冒险"搏一把",把某些无法预测能否发生的事情写在档案中。比如由于吸烟是一个不太吸引人的特质，很多吸烟者也会说自己不抽烟。当问及理由时，一位受访人就表示，如果自己遇到了梦中情人，就一定会戒烟。不过，谁知道呢！此外，人们最不喜欢的就是把当下的自我负面展示出来，譬如一位受访者体重最近有所增加，他就坚持不上传自己最近的照片。

缺少线索＋默认"潜规则"

在缺少线索的线上交友环境中，对于自身的展示许多时候要依赖语言的描述，这就反映出很多人对自身认识的偏差。譬如"风流倜傥"这样的词汇，大概就是见仁见智了。而更多的人为了避免这种矛盾，倾向选择模棱两可的词汇，例如"体貌适中"。当然，如果有略带正面含义的词汇更好。

在采访过程中，大部分受访者都表示对在线交友可能存在信息偏差这一点心知肚明，并表现出一定的宽容度。比如"曲线美"可能是窈窕有致，也可能是略显丰满，这种没有恶意的小小美化能够被大部分人接受。不过接受程度也会因人而异，一位高个子女性就对高度非常敏感："我绝不能忍受一个一米六的男人谎称自己有一米八。"

个人档案就像一份"心理契约"，每个人在网上寻觅另一半的时候都会关注这个"契约"能否在未来被履行。所以人们往往会选择能够提高自身魅力、又保持"契约"可信度的方式，来美化自己的档案。而网上缺少的线索也意味着这个"契约"像所有的合同一样,都有其不完全的特性,于是人们通过模棱两可的词汇让自己更有退路。当然,人们在签订"契约"时也心照不宣地偏差一定的期望。

记住了,下次在交友网站看到一个美女时,记得想想其中可能存在的时间偏差、线索削减和"潜规则"的影响。祝你好运!

手把手教你用社交网站判断性格

Lithium42

> 经验说：人们喜欢在网上伪装自己，让别人看不清。
> 实验说：从社交网站上其实正好可以较准确地洞察一个人性格的某些方面。

还在犹豫是否应该勾搭某个素昧平生的姑娘，却担心她不是自己想要的那一型？还在苦苦寻觅一款脚踏实地、尽心尽责的男子，却在浩如烟海的网络中无从下手？心理学研究发现，越来越风行的社交网站，是判断人性格的好帮手。To 的一言一行，嬉笑怒骂，都可以成为性格的解锁工具。

真实性格还是虚假面具？

要想放心地从社交网站窥探人性，首先得问问，人们在网络上展露的性格是否是他们真实的一面。德国美因茨大学和美国圣路易斯华盛顿大学的研究者，招募了社交网站上的 236 名网民，试图探讨他们在社交网站上的形象，究竟有几分真、几分假。

大五人格量表

人格维度	高分者特点	低分者特点
神经质	烦恼、紧张、情绪化、不安全、不准确、忧郁	平静、放松、不情绪化、果敢、安全、自我陶醉
外向性	好社交、活跃、健谈、合群、乐观、好玩乐、重感情	谨慎、冷静、无精打采、冷淡、厌于做事、退让、话少
开放性	好奇、兴趣广泛、有创造力、有创新性、富于想象、非传统的	习俗化、讲实际、兴趣少、无艺术性、非分析性
宜人性	心肠软、脾气好、信任人、助人、宽宏大量、易轻信、直率	愤世嫉俗、粗鲁、多疑、不合作、报复心重、残忍、易怒、好操纵别人
责任感	条理、可靠、勤奋、自律、准时、细心、整洁、有抱负、有毅力	无目标、不可靠、懒惰、粗心、松懈、不检点、意志弱、享乐

　　心理学家们认为，我们错综复杂的性格，可分为五个相互独立的维度，这样的人格理论被称为"大五人格"。

　　研究者将参与者自己和熟人对他们用"大五人格量表"做出的评价进行了汇总并加权，作为实际人格。参与者还对理想中的自我进行描述，作为理想人格。此外，一些研究助理通过对参与者的社交网站主页的分析对他们的人格做出判断。

　　研究者比对三种结果发现，研究助理推断出的人格与参与者实际的人格高度一致，但不能反映参与者伪装的理想人格。也就是说，社交网站的确能反映人们的真实性格。他们的推测在外向性、开放性这两方面尤为准确，但对神经质不尽如人意。

哪些人使用社交网站？

为了了解社交网站的使用人群及其特点，墨尔本皇家理工大学的研究者对澳大利亚网友的情况进行了在线调查。调查范围不仅有使用者的"大五人格"、自恋、害羞和寂寞程度，还包括他们使用社交网站的频率和习惯。

研究者首先对比了使用和不使用社交网站的用户，发现经常使用 Facebook（脸书）的人，更加外向、自恋，更爱展露自己，但是家庭生活却比较寂寞。而那些对 Facebook 不感兴趣的人，相比而言更加尽责、害羞，也不擅长社交。

再看看用户们的使用频率，那些神经质或寂寞的人，更加流连忘返于社交网站。具体到网站上的不同功能，外向的人几乎热衷于所有的交流功能，自恋的人则沉浸在上传照片和更新状态中不能自拔。（请勿对号入座噢）

社交网站还透露了什么？

马里兰大学人机交互实验室的研究者们试图走得更远，他们在 Facebook 上设计了一个应用程序，让参与者填写"大五人格"测试，并自动收集用户在网站上公开的信息。

数据显示，外向性高的人通常拥有更多的好友，好友的分布也更加广泛、来源更多。开放性高的人的社交圈子更加松散。除此之外，这两类人还都喜欢透露他们的兴趣爱好。在填写喜欢的活动和书籍等资料时,他们列出的项目更多,字符长度也更长。

+情感词汇(快乐、哭、遗弃)
+正面情绪(爱、好、甜蜜)
+生理过程(吃、血、疼痛)

+社会过程(配偶、说、他们、孩子)
+人类词汇(宝贝、男人)
-感知词汇
-粗口

+焦虑词汇(担心、害怕、紧张)
+进食词汇(菜、吃、披萨)

+工作词汇(工作、复印)
-感知词汇(观察、听见、感觉)

-金钱词汇(审计、现金、欠)

神经质　　宜人性　　外向性　　责任感　　开放性

语言风格也是重要的推测线索。责任感高的人们较少使用粗口,也不常用"看见""听见"等感觉性词汇。但他们尤其着迷诸如"配偶""说""孩子"等社会活动的词语,也经常出现"宝贝""男人"等描述人类的词汇。看来他们并不喜欢记录他们的所见所闻,但却热衷于八卦周围的人。宜人性高的人的话语中,常常出现"快乐""爱""甜蜜"这样阳光、正面的词汇;而神经质高的人,总是把"担心""紧张""害怕"挂在嘴边。

研究还得出一些奇怪的相关结论,姓氏更长的人神经质也更高。难道是由于他们的名字太长,总是被别人拼错,因此让他们更加紧张焦虑?开放性的人很少使用"现金""欠"等有关金钱的词汇,是不是他们忙着探索世界,对金钱这些身外之物提不起兴趣?

外向性的人的状态总是保持为"非单身",也许对于他们来说,孤独永远是可耻的。

性格能用来做什么?

社交网站的推荐系统或许能从人格研究中获益。你是否常常觉得"××猜你也喜欢"不太讨喜? 其实人的兴趣爱好同性格息息相关。以音乐为例,醉心于古典音乐、布鲁斯、爵士乐等较复杂音乐的人,通常具有较高的开放性和智力;热衷于说唱、嘻哈、舞曲等有着强烈节奏音乐的人更加外向;而喜欢乡村音乐、宗教音乐、电影配乐的人,责任感和宜人性都较高。

性格还能指导商业策略和广告的投放。这暗示我们,品牌个性与消费者的性格之间有紧密的联系。针对台湾玩具和游戏市场的调查表明,外向性高的人偏爱令人兴奋的品牌。宜人性高的人则选择真诚、有能力的品牌。同时,开放性和宜人性高的消费者,品牌忠诚度也更高。

这样的前景似乎非常美好。也许有一天,洞悉人性的社交网站,能为每个人都准备一套独一无二的交互界面。精准投放的广告则在屏幕的角落里等候多时,正策划一场漂亮的攻心战。不过,如此个性化的贴心服务,究竟是一次美妙的邂逅,还是一场未知的劫难?

模仿，令我们更亲近

范小趴 sarita

> 经验说：东施的故事告诉我们没事儿别随便模仿别人，一不小心就丑化了自己。
>
> 实验说：人们会无意识地模仿交流对象的一举一动，这样的模仿恰恰能使两人更加亲近。

你仔细回想一下，和一个人聊着聊着，自己说话的语调是否会和对方有些相似？是否会一不小心蹦出几句对方的口头禅？抑或是当对方微笑时你也会不由自主地跟着微笑？

纽约大学的塔尼娅·沙特朗(Tanya L. Chartrand)与约翰·巴奇(John A. Bargh)教授通过实验发现，在相互交流时，人们会无意识地模仿对方。实验中，参与者要在两个不同的房间与别人交流，他在两个房间中所做的事是一样的，均是向一名伪参与者(实验者请的托儿)描述三幅图片的内容，唯一的区别在于对方的肢体动作，在两个房间中对方的动作是完全不同的。研究者在交流过程中设定了搓脸与抖动双腿这两个动作，当一个房间中的伪参与者搓脸时，另一个房间中的伪参与者则会抖动双腿。研究者将整个谈话过程通过摄像记录下来，并对参与者的肢体动作进行了观察。研究发现，当对方出现搓脸动作时，参与者搓脸的次数便会猛增，同样地，当对方抖腿时，参与者抖腿的次数也会猛增。

这份不经意间的模仿可能是与生俱来的。俄亥俄州立大学的莱金(Jessica L. Lakin)教授认为，在语言还没有得到充分发展的时代，模仿可能是人类相互交流的主要形式。而在那个危机四伏的时代，与他人的交流与合作则更有利于生存。因此，在漫长的演化历程中，模仿成为一个重要的与他人拉近距离的社交手段。

荷兰内梅亨大学的玛里勒尔·施特尔(Marielle Stel)教授通过实验发现，在交流过程中，模仿对方的表情等非语言信号，可以感受到对方的情绪体验，而当对方发现自己被模仿时，反而拉近了彼此之间的距离。同时，模仿使整个交流过程变得更加流畅顺利。

实验中，一部分参与者担任描述者，另一部分参与者则担任观察者。描述者要观看一段视频(有趣可爱的迪士尼动画或是母子分离的悲情片段，其中不同的视频内容诱发不同的情绪，前者诱发快乐，而后者则诱发悲伤或愤怒)，随后他要将视频内容与观察者分享。与此同时，研究者将观察者分为两组，一组观察者在交流过程中要模仿对方的一举一动，一个皱眉或是一个微笑都不能放过；而另一组观察者，在交流过程中则需要克制自己模仿的欲望。在整个交流结束之后，每一位参与者都需要完成一份调查问卷。通过这份调查问卷，研究者对参与者在交流过程中的情绪体验(以 7

分制量表测定快乐、悲伤或愤怒的程度)、与对方的亲近程度(呈现
6 张图片,以两个圆的相交程度来代表亲近程度)以及对交流过程
的体验(以 7 分制量表测定其对交流过程中流畅程度的体验)进行
测定。

研究发现,当观察者模仿对方的表情时,他们的情绪体验更加
一致,同时,交流双方都感到与对方更加亲近,对这段交流过程的
评价也更高。

不过值得注意的是,并不是所有的模仿都会给对方带来好感,
格罗宁根大学的刘嘉(Jia "Elke" Liu)教授通过实验发现,当参与者惦
记着钱时,倘若对方在交流过程中模仿他的一举一动,会使参与者
对对方的印象大打折扣,并且会认为对方造成了一定的威胁。反
之,那些没有进行模仿的人则得到了参与者的好评。这是由于当
人们惦记着钱时,他们更渴望独立行动,不希望受到他人的影响,
而模仿作为一个增进社交的好方式,在这里则起到了适得其反的
作用。不过,不论怎样,在交流过程中,适时的模仿,能够帮助我们
走进别人的内心世界,同时,令谈话变得更加愉快,尝试一下吧。

当心！别被签名牵着走

农 人

> 经验说：签名只是个程序性的动作。
> 实验说：签名会激发那个深处的自我。

考勤表、快递单、合约、房契……哪儿都有用得着签名的时候。然而，如果你以为签名不过是挥笔而就的白底黑字，那就太低估它的实力了。小小签名，登记你的存在，表达你的支持，见证你的承诺。

生活里许多正规的场合，只有亲笔签名才能代表我们的认同。一张知情同意书、一份合同、一纸婚约，一旦签下自己的名字，便明确了应尽的责任和义务。一些研究发现，无论是减肥还是安全带的使用，一旦你在契约里签上了名字，就要遵从其中的条款。

签名，也是自我表达的行为途径。有人倾向于精心设计自己的签名，使之与众不同，难以伪装。不管真实与否，人们乐得相信独特的签名反映了自己的人格特质，把签名与自我关联起来。

而在 2011 年，加拿大阿尔伯塔大学的学者凯利·凯特尔（Keri

Kettle)与杰拉尔德·浩鲍(Gerald Häubl)发现了所谓的"签名效应"。这篇发表在《消费者研究杂志》(Journal of Consumer Research)的文章称,签名触发了人们对自我的认知,在一定情境中影响着消费行为。

签名牵走了钱包?

研究者将大学生参与者分为三组:第一组参与者用自己惯常的方式在白纸上签名;第二组用正规的印刷体签名;第三组则为控制组,没有签名。

接下来,参与者需要从三款同类型照相机或洗碗机中挑选出自己中意的那一个。研究者在电脑屏幕上罗列出商品的相关属性(如图 1 和图 2 所示),产品的品牌、型号、价格是固定的,而其他属性则是一个个按钮(如图中的小格),参与者可根据兴趣,用鼠标点击按钮,查看产品的此项信息。

通过测量参与者浏览信息的时间,点击浏览信息的数量和他们自己报告出的与产品联系的紧密程度(比如,你常用这玩意儿吗?你了解这玩意儿吗?你喜欢这玩意儿吗?),研究者发现,大学生参与者会将相机与自我联系得更紧密,之前用自己惯常方式签名的参与者,在挑选数码相机时,投入更多的时间,浏览更多的产品信息。而在面对与自我联系不那么紧密的洗衣机时,这种差别就没那么大了。

凯利博士解释道,签名激活了自我体验,在消费这一情境背景下，我们不自知地将自己与自己认同的物品捆绑到一起，为它耗费时间，为它花费金钱。

数码相机			
品牌	Nikon 尼康	Olympus 奥林巴斯	Sony 索尼
型号	P 80	SP 570	DSC-H50
价格	$400	$400	$400
35mm 等效放大	486mm		465mm
取景器 类型		光学	
……	……	以下 13 项 省略	……

图 1　一部分大学生参与者从数码相机中三选一

洗碗机			
品牌	Frigidaire 北极牌	Maytag 美泰克	Whirlpool 惠尔浦
型号	GLD 225	MDB 560	DU1055
价格	$500	$500	$500
过滤系统	100%		自动净化 过滤
延迟启动 选项		1~6 小时	
……	……	以下 13 项 省略	……

图 2　另一部分大学生参与者从洗碗机中三选一

(注：图 1、图 2 根据 Keri L. Kettle & Gerold Häubl 的论文及附录 A 制作，by：农人)

○ 17 ○

签名如何操控我们的行为？

既然签名代表着自我,当在纸上写下自己的名字时,我们头脑中与自我有关的内容会被激活。与自我有关的信息迅速被加工和提取,让我们倾向于做出更符合自我的行为,减少做那些与自我不相符的行为。

凯利博士认为,签名引发的自我激活是普遍而广泛的,在特定的情境支持下,人们会做出和情境有关的那部分自我相一致的行为。于是,当消费者自我被激活时,他们会更倾心于购买和自我联系更紧密的商品,就像上文中提到的相机(或许当实验参与者从大学生换作家庭主妇时,洗碗机就会代替相机成为和自我联系更紧密的商品)。

研究者还将实验拓展到了生活中真实的消费场景。在测量了大学生参与者将自我与跑步联系起来的紧密程度之后,一部分参与者用自己惯常的方式签名 5 次,另一部分则用正规印刷体签名 5 次。然后,研究者指导他们到某家商店购买一双跑鞋。

实验结果发现,在那些用自己惯常方式签名的参与者中,将自我与跑步联系更紧密的人,在商店里逛了更长的时间,试穿了更多的跑鞋。而用印刷体签名的参与者,不论自我与跑步联系的亲疏关系如何,在消费时都没有出现时间长短和试穿数量上的差异。

与其说我们被签名牵着走,还不如说我们的行为被自我左右,签名不过是一个启动自我的开关。

胜利还得靠"精神训练法"

0.618

经验说：事情不都是"干"出来的嘛。

实验说：有时候，"想"也有助于成功。

机会常常只有一次，只许成功不许失败。你竭尽全力奔向目标，努力准备每一个细节，可是当机会来了，却发现准备有余、熟练不足。明明已经写在笔记本上的要点，发言时一紧张又忘了说。怎样才能把握住这些难得的表现机会，让自己熟练发挥呢？

对此，运动心理学提倡使用"精神训练法"，简单说就是在脑子里把事情过一遍。说来容易，但当你面对着密密麻麻的日程表和迎面扑来的"截止日期"时，恐怕舍不得挤出一分钟时间给一项"纯精神活动"。

精神训练的效果也是近十几年才被发现的。尽管早在 20 世纪上半叶就有心理学家提出这种方法可以帮助提高运动员的表现，但至少到 1983 年，人们都没有意识到这种方法的重要性。运动心理学家德博拉·费尔茨（Deborah Feltz）和丹尼尔·兰德斯（Daniel

Landers）在那年发表的一篇重要论文里是这样总结的："精神训练的效果比不做任何训练要好得多,尽管和实际的身体训练相比,效果还差得远。"因此,除了受伤运动员由于客观原因不能训练,才不得不常常使用精神训练法以外,其他人对此并不重视。

直到 1992 年,运动心理学家安妮·艾萨克（Anne Isaac）才第一次通过现场实验的方式向人们证明了精神训练的效果。参与实验的学生需要在 6 周的实验中每天用 10 分钟时间学习蹦床,但每个人的训练方式不同。一些人练习 2.5 分钟,然后思考 5 分钟,再练习 2.5 分钟;另一部分参与者自由思考的 5 分钟被强迫做数学题,这样他们就不能回忆之前训练的要领了。6 个星期后,利用 5 分钟思考的学生比做数学题的学生的蹦床动作学得好得多。不光对于这些新手,艾萨克在老运动员身上同样发现了精神训练的良好效果。

现在,越来越多的人认识到精神训练法的不可替代,它已经被当作一项常规的辅助训练。

精神训练并不神秘,原理很简单,因为人的大脑在思考时和实际运动时的神经模式是相似的,几乎唯一的区别就是肌肉是否参与了运动。在头脑中思考事情的过程时,就像它实际发生了一样。这是大脑前额叶的特殊功能,也很可能是人类区别于其他动物的一项特殊技能。在这个模拟实际的过程中,大脑相应的神经通路被激活了,就像为我们绘制了一张活动草图,等事情发生时,可以告诉我们如何行动。

不仅如此,在脑中彩排还可以缓解紧张。这主要是因为精神训练可以影响自主神经系统的活动,从而控制呼吸、心跳、体表温度等,让人感觉没那么紧张。运动心理学家劳尔(R. Roure)等人对比了运用和没运用精神训练法的运动员打排球前后的各项生理指标,他们发现运用了精神训练法的运动员不但成绩更好,而且皮肤电位、体表温度、心率、呼吸也更加正常。当他们采用了同样的训练方法后,这些差异又消失了。

除此以外,由于大脑在精神训练中可以塑造出任何想要的状态,所以能够增强对自己的预期和评价。在凯瑟琳·马丁(Kathleen Martin)等心理学家的实验中,使用精神训练法的高尔夫学习者在实际练习上也花了更多的时间,因为他们对自己有更高的要求,也体会到了更多的训练乐趣。想象着自己的飒爽英姿,怎能不手痒呢?所以,精神训练就像是在磨前面放了个胡萝卜,拉起来更有动力。

狂奔在日程表上,似乎只有肢体的动作,而大脑早已放空,可是停下手里的活儿,让大脑自由运行成了一件奢侈的事情。有时我们分不清自己到底是忙还是盲,看着"待办事项"上被圈掉的任务越来越多,但好像又什么都没干。这时候,你也许该停下来了,在脑子里过一遍吧!

因为有口音，所以很可疑？

传说中的驴子

> 经验说：有口音又怎样，一样可以做脱口秀名人。
>
> 实验说：在某些场合，口音带来的轻微影响，后果也许是你想象不到的。

当学习一门外语的时候，我们总是难以避免带上一些口音。黄西虽在中国长大，说着一嘴略带中国口音的英语，却不妨碍他在美国靠脱口秀声名远扬。当被问及有没有人嘲笑自己的口音时，他调侃地说道，只有中国人嘲笑。

所以，发音不标准真的无所谓吗？我们真的不在意口音吗？同样的一段话，由母语者说出和非母语者说出到底有什么区别？

芝加哥大学的心理学家博阿兹·凯撒（Boaz Keysar）和西里·勒瓦利（Shiri Lev-Ari）的研究表明，同样一段陈述，由异乡口音说出会更令人怀疑。

在实验中，心理学家让以英语为母语的人和不以英语为母语的人说一些陈述句（如：同样是缺水状态下，长颈鹿比骆驼活得更久),再让本土美国人判断其可信程度。口音分为三个等级,分别为无口音,轻度口音,重度的亚洲、欧洲、中东口音。

研究人员发现,就算告诉参与者那些陈述句都是实验者写的,陈述者只负责将其念出,听者仍然更怀疑那些带异国口音的陈述。

为什么口音会有这样的负面影响?

这可能是由于口音对信息处理加工造成了困难,而我们则会将这些困难进行错误的归因,最终导致无端地降低了对这些有口音者的信任感。毕竟大脑是很懒的,讨厌复杂的信息,而偏向那些容易加工的信息。

一方面,我们可能会有意无意地给带有口音的人贴上"外人"的标签,而"外人"的刻板印象(stereotype)让我们减少了对他们的信任感。这种信任感的减少往往很难被自己察觉,是一种无意识的内隐态度。毕竟没多少人会说:"嘿,他有口音,是外人,我不信任他。"但是这样的内隐态度却真正地影响着我们的判断与决策。

另一方面,研究表明,口音会影响认知流畅性,也就是人在心理上处理信息时的顺畅程度。当一段信息带上了你不熟悉的口音时,就会增加其处理和加工的难度。由于我们都更喜欢简单而非复杂的信息,就会对带口音的信息产生与生俱来的不适。而我们可能会错误地将这样的不适归因于信息本身,这也间接降低了我们对带口音者的信任感。

其实不光口音如此,我们也会对其他认知流畅性高的信息更有好感,听上去更清晰、也更容易被信任。

认知不流畅有些时候也可以让人们更仔细地思考。密歇根大学的心理学家诺伯特·施瓦茨(Norbert Schwarz)和宋(Hyunjin Song)发现,当文本用难读的字体呈现时,人们更不容易在一些愚蠢的问题上犯错。比如一个关于圣经的问题:摩西带着动物上方舟躲避大洪水时,每种动物带了多少只? 实际答案应该是:摩西没上方舟,那是诺亚! 如果你没有回答出来,说不定把字体调得难认一些就能回答出来了。实际上,认知的不流畅有时让人们在处理问题时更加努力、更加认真,从而减少了粗心大意导致的错误。

口音带来的偏见是不公平的,带着异乡口音的陈述会降低他人对你的信任感。平日里,这种影响可能微乎其微,但是在找工作时或出庭作证时,细节的影响都变得不容忽视。

低沉"狮吼"产生权力感?

buyanovsky

> 经验说:压低嗓音是对位高权重者的一种模仿。
> 实验说:用低沉声调说话能改变潜意识层面的自身权力感。

果壳网心事鉴定组曾经介绍过,研究发现,人们摆出更舒展、自信的姿势可以增加权力感。后来,又有一项研究给这种通过外部行为改变内部认知的方式增添了一个例子。《英国心理学会研究文摘》(*BPS Research Digest*)上一篇博文《想要更有权力感?学学巴里·怀特①》提到,在人们的一般印象中,大型野兽总是发出低吼,而小动物们则发出尖而细的吱吱声,于是研究者玛瑞拉·施特尔(Mariëlle Stel)和她的同事就想到去探索:用比通常更为低沉的声调讲话是否可以让人们自我感觉更强?

在最初的研究中,81位学生参与者被分为三组。控制组的参与者被要求默读地理课本中的段落,而另外两组则分别用比平时

---

① 美国黑人歌手,以低沉而富有磁性的嗓音著称。

低和比平时高的声音(相差 3 度)大声地朗读出来。为了保证被试不会猜到研究目的,接下来学生们被问到一些课本中的细节问题。在这项研究的最后,研究者会给学生做一些与之前阅读无关的练习,其中包括让学生回答 7 个关于他们感觉自己有多强的问题(比如,指出自己在多大程度上处于支配或者屈从地位)。没有学生猜得到研究的目的。

用低沉的声音读课文不会影响到学生对课本中问题的回答,但它的确影响了学生对权势力量的感受。比起其他两组的学生,使用低沉嗓音的学生感到自己更强、更有力。

第二项研究与此相似,但这一次学生们用或高或低的声调来读一些课文,或者他们去听其他人用或高或低的声调朗读。只有改变自己阅读声调的高低才能影响人们的权力感,使用低沉嗓音阅读的学生认为自己比用高嗓门读书的同学更强有力。

最后一项研究是先让参与者用或低沉或高昂的嗓音大声朗读,然后完成一份测试抽象思维能力的记忆作业(如果一个单词之前出现过,就错误地以为某个和它相近的单词也出现过,这种情况被认为是更具有抽象思维的标志之一)。这一次,用较低的声调大声朗读会导致更为抽象的思维活动。施特尔和她的同事们声称,考虑到之前的一项研究发现——拥有权力的人们与权力较低的人们相比,更倾向于抽象思维——他们的这项研究是有意义的,这也许是因为权力让人们感到更远的"心理距离",离这个事物更远。

这一系列研究表明,通过压低一个人的声音来影响其对自身权力感的判断主要是潜意识层面的。毕竟,学生们并未猜到研究的目的。研究者称,以后他们将会研究是否可以通过故意压低声调来让一个人感觉自己更强而有力。如果真是这样的话,研究者说,我们就又有一个装备可以加入"个人武器库"了——喉咙。因为压低嗓音不但能影响他人,还能影响自己。

▼ 贴 士

美国西北大学凯洛管理学院的研究发现,"伸展的姿势"(也就是把身体张开并占据更大的空间)会让人像掌权者一样行事,而这种由姿势引起的权力感与个人实际上的权力大小无关。由 Adam Galinsky 教授、博士生 Li Huang、斯坦福商学研究生院 Deborah Gruenfeld 教授及博士生 Lucia Guillory 合作的这个研究,第一次直接比较了权力地位(即在一个机构组织中的地位)和权力姿势对人们思维与行为影响之间的差异。结果他们发现,权力姿势确实会让人以一种手握重权的方式来思考和行事。"我们本以为权力地位将起到更重要的作用,但却惊讶地发现,姿势在每个实验中都具有压倒性的优势。"(《权力姿势 vs 权力地位:谁直接影响思维与行为?》,发表在 2011 年 1 月的《心理科学》上,hcp4715 翻译整理。)

闻"香"也能识人

婉君表妹

> 经验说：人类的嗅觉功能比起动物来差远了。
>
> 实验说：但并不妨碍我们依然把这种感官当作一个重要的识别手段。

　　自从约 500 万年前我们的老祖先能够直立行走之后，人类就开始越来越依赖视觉，而不是像很多依靠四肢爬行的动物一样依赖嗅觉。不过尽管如此，遥远祖先留传下来的优势并没有完全退化，现代人类还是保留着一定程度的嗅觉敏感性，作为认识外部世界的辅助手段。去年发表在《欧洲人格杂志》(European Journal of Personality)的科学研究发现，和动物可以神奇地利用嗅觉接收信息、区分敌友一样，人类也不逊色，能够利用嗅觉来识别对方的人格特征。

　　弗罗茨瓦夫大学心理研究所 Agnieszka Sorokowska 等人收集了 60 名波兰大学生(男女各半)的人格特征信息和体味样本：先填写测试人格特征的问卷，然后给每人派发一件纯棉 T 恤，要求他们在指定的日子内贴身穿着满 3 天，期间避免使用有香味的化妆品、吃重口味食物、饮酒或吸烟。回收 T 恤后，再邀请 200 名大学生对这些"体味样本"进行性格维度的评价，包括外向性、随和性、尽责性、神经质、开放性和支配性。[①] 研究者将体味捐献者的真实人格测试分数和评价者对其性格特征的"猜测"分数做比较（采用了一种叫"相关分析"的统计方法），发现在外向性、神经质和支配性这三个性格维度上，人们仅仅利用嗅觉线索就能做出一定程度上的准确判断；而对于随和性、尽责性和开放性这三个维度，研究中人们却没能很好地辨别区分。

这个结果也许会让你想到一部经典的电影《闻香识女人》中失明的史法兰中校所拥有的"特异功能"——用鼻子就能"闻"出女人的外貌特征和气质品性。电影自然有其夸张的成分，但是这个研究某种程度上支持了这种神奇的"闻香识人"效应的存在。在香水被普遍使用的西方文化中，对香水的选择也许在某种程度上就能反映一个女人的个性，加上香水气味和个人体味融合之后形成的气味更是独一无二的，可能更加扩大了"闻香识人"的效应。

为什么人的体味能够和某些性格特征产生对应关系呢？研究者给出了一些可能的解释。

首先，这种效应可能和一些生理因素有关。已有研究表明，人

---

① 这六个维度类似心理学上的"大五人格"，在本书《手把手教你用社交网站判断性格》中有较详细阐述。——编者注

体内的激素、酶和神经递质的水平会直接或间接地使个体人格特质和体味散发产生联系,恰恰那些影响体味的物质与外向性、神经质、支配性这三个性格维度有最强的联系。

其次,外向性和神经质这两个性格维度都是和人的情绪相关的。为了个体和种群的生存,群居动物对他人的情绪识别是比较敏感的。物种演化使得人类在体验某些情绪(如恐惧和应激)时往往会伴随一些生理反应,包括汗液分泌增多、腋窝淋巴活动的调节和一些特殊物质的分泌,这些都会使个体散发不同的体味,引起种群内其他个体的注意。

小明星为什么爱闹绯闻？

婉君表妹

> 经验说：为了上头条闹负面新闻不值得，名誉不保。
>
> 实验说：不被熟悉的品牌或个人往往靠负面新闻来打开知
> 名度。

据说这是一个名誉和权威因各种丑闻曝光而坍塌的时代。

丑闻的确有这样的破坏力。多少名人巨星因卷入丑闻，职业生涯从此抹上了永远甩不掉的污点，甚至名誉扫地，辛苦经营的事业毁于一旦。

可是，丑闻真的猛于虎吗？

不久前，环法自行车赛七冠王阿姆斯特朗被美国反兴奋剂机构剥夺环法冠军头衔，终身禁赛。然而丑闻并没有压垮他，反而使其抗癌基金会在事件爆出后三天内获得来自 1700 多个捐赠者高达 174000 美元的捐款，日均进额是往日的将近 20 倍。

类似这样因祸得福的事其实并不少见，娱乐圈就很擅长此道。不拍片就风平浪静，桃色绯闻、各种矛盾都赶在新片上映前夕曝光,成了电影预热宣传的一部分,相信这样的事情大家也司空见惯了。而不少"红人"也是通过绯闻丑闻才走进观众视线,进而成功上位的。

为什么丑闻也会有如此作用? 在什么样的条件下才能发挥这样的作用? 宾夕法尼亚大学的乔纳·伯杰(Jonah Berger)、斯坦福大学的艾伦·索伦森(Alan T. Sorensen)和斯科特·拉斯穆森(Scott J. Rasmussen)联手探究了这个问题。

《纽约时报》书评对销售量的影响

研究者搜集了 2001—2003 年间出版且被《纽约时报》做过针对性评论的 244 部精装小说,并从尼尔森图书调查机构分别获取了每本书在《纽约时报》书评刊登前后的书籍销售数据,从而分析书评刊登后的一周内,被评论书籍的销售数据相比之前有怎样的变化。

由于《纽约时报》的书评体系并不会像影评那样提供总体评分(星级评分或"赞/弹"标记),因此为了区分每篇评论的总体正负性评价倾向,研究者另外采用一种客观的方式来判定——评论性句子中表扬性和批评性句子的比例。研究者同样考虑原书作者知名度的影响,因此按照书籍出版前的作品数将作者分为三类:新晋作家(0~1 本)、普通作家(2~9 本)和著名作家(10 本或以上)。

经过系统分析,研究者发现《纽约时报》上刊登的正面评论,能够有效地促进书籍的销量,无论著书者知名度如何;而刊登的负面评论,会使知名作家的书籍销量大幅下降,然而对于新晋作家书籍的销量反而有促进的作用。比如 Fierce People(2005 年同名电影《一生爱永远》)就是当时新晋作家德克·威特恩博恩(Dirk Wittenborn)的著作,《纽约时报》给予绝对的负面评价,批评其"人物性格不够鲜明"等。在书评刊登后一周内,这本书的销量增长了 4 倍。

时间延误带来的遗忘效应

为什么明明知道别人给了"差评",人们还是会去买这本书或者付钱去看这场电影呢?

实际上,很少有人会在看完报纸评论之后刚好正要去逛书店或者看电影,也就是说在人们阅读完评论和购买行为实施之间有一段时间延误,一切微妙变化都有可能在这段时间内发生。研究者认为,对于人们不熟悉的产品,所读书评评价态度的正负性很容易被遗忘,只有作品的名称给读者留下了印象,使得无论正面评价还是负面评价最终都带来相似的结果——作品知晓度的提高。

为了证明这一假设,研究者邀请 252 名参与者参加实验。实验的第一部分是让他们阅读两篇书评并回答一些语言表现手法上的问题。在研究者的操纵下,第一篇书评可能是针对著名作家约翰·格里沙姆的书《上诉》(The Appeal)或者是研究者杜撰的书《报告》(The Report)(控制知名度),同时评论可能是正面的版本或者是负面的版本(控制评价性质),而第二篇书评内容是每个人相同的。第二部分,研究者为参与者提供四本书,分别询问参与者对每本书的购买意向,其中一半的参与者是在完成第一部分后立即询问,而另外一半参与者是进行一系列干扰填充任务之后再询问(控制时间延误)。

结果表明,无论是否有时间的延误,对于著名作家作品《上诉》的负面评价都会降低人们的购买欲望;而对于人们知晓度不高的作品《报告》,负面评价对人们购买欲望的削弱效应会随着时间推移而减弱。

知名度胜于一切

事实就是这样:在类似《纽约时报》这样影响力极广的平台上,一旦提及某些新产品,无论对它们是赞是批,都无疑等同于给它们做了免费的宣传,因为人们很快就会忘了最初的评价是怎样的,只会记得"它被《纽约时报》提到过"。

研究者综合分析产品知名度、消费者对产品的评价和产品知晓度的变化对购买意向的影响后,发现对于知名品牌产品来说,与购买意向有较强联系的是消费者对产品的评价,而非对产品知晓度的改变。但是对一些知名度不高的产品来说,产品评价和知晓度均与购买意向有很强的联系,而且相对来说产品知晓度改变对购买意向的影响更大。

也就是说,对于著名品牌来说,最重要的是维护自己的正面品质和形象;而对于新晋品牌来说,不管美闻丑闻,能够打响知名度的就是"好闻"。

　　也许你会说,既然只要提高知晓度就可以,那么人们为什么不用好人好事,却偏爱用各种绯闻、丑闻来炒作呢?好好地、正面地宣传产品不好吗?其实答案我想你也知道,"好事不出门,坏事传千里"。

看偶像剧要小心，方式不对会变笨

zplzpl

经验说：喜欢傻白甜的女主是因为自己脑子也不怎么地吧。

实验说：傻不傻，分得清，你可以自己选择的。

不知道从什么时候开始，我就以"不喜欢看偶像剧"为荣了——那些偶像剧里的女主角总是脑子里缺根弦似的，恐怕看多了也会变得跟她们一样"笨"呢！当然，我很少在公共场合这样说，不然恐怕会被姐妹们翻白眼。

不过，还真有心理学家敢"冒天下粉丝之大不韪"，声称常看节奏缓慢的连续剧可能会影响人正常的思维能力。天呐，这是真的吗？

行为同化：看什么像什么

心理学家的话不是空穴来风，他们为此做了许多实验。一项经典的社会心理学研究发现，仅仅是启动人们头脑中"老人"的概念，就会让这些人在从实验室到电梯的途中走路速度变慢，这种现象被称为"行为同化"。行为同化不仅发生在简单的躯体运动领域,也会扩展到智力行为——另一项研究发现,与那些想象"超级模特"的被试相比,想象一位"教授"的典型行为、生活方式和性格特质能让人在常识测验中得分更高。而发表在《媒体心理学》(*Media Psychology*)上的一项研究报告也指出,在阅读完一段以"愚笨的小流氓"为主角的简短剧本后,人们在常识测验中的成绩会比那些阅读中性材料的参与者要差。

这,不大可能吧?这样想的,并不是你一个人。实验参与者们也完全没有意识到阅读一个"笨人故事"和"自己变笨"之间竟然存在着联系。不过,悟性高的读者到这里也许就会想了,既然读一小段"笨人故事"都会产生"让人变笨"的效果,那么看完一部长达数十集乃至上百集、有着一个傻乎乎还带着一股冲劲儿的女主角的偶像剧,后果真是有点不堪设想。要不要赶紧关掉电视,膜拜膜拜爱因斯坦的画像?

行为对比:一想到爱因斯坦,就觉得自己笨

事实并没有这么简单。实际上,社会心理学家们不仅发现了"行为同化"现象,也发现了"行为对比效应"。在上面提到的例子中,与想象"超级模特"的人相比,想象"一般教授"的人常识测验得分更高;然而,如果想象的是"超级教授"爱因斯坦,那么得分反而较低。

研究者们认为,之所以会出现这种情况,是由于具体的范例(如爱因斯坦)不仅会启动人们脑海中关于"教授"的固有印象——聪明、睿智,也同样会促使人们拿自己和爱因斯坦相比较,然后得

出"我其实也不怎么聪明",甚至是"相比爱因斯坦,我真是太笨啦"这样的结论。但在考虑一般的教授形象时,我们则更容易去考虑自己和他们的共同点——比如都上过大学。

变聪明还是变愚蠢,由你决定

发表在《媒体心理学》(*Media Psychology*)上的一项研究则证实了这一猜测。研究者要求一部分参与者在阅读之后对"笨人故事"做简单的总结,而要求另一部分参与者在阅读后特意找出自己和主角的不同之处。结果发现,那些将注意力集中在自己与"笨主角"的不同之处上的参与者,在常识测验中的表现至少和阅读中性材料的控制组一样好。

这样看来,问题也许并不在于我们看什么,而在于如何去看。比如可以一边"咬定偶像剧不放松",一边在嘴里唠叨"这什么破编剧啊! 怎么会有这么傻的人呢! 完全没有逻辑嘛!"也许,更有不少人从电视剧里找到了自信——"连这么笨的女主角都能遇到白马王子,我至少比她聪明一点儿吧!"

值得庆幸的是,偶像剧里并不是只有笨笨的女主角,更多的是关于友谊、梦想、勇气和爱。我们都曾经和偶像剧中的主角们一起伤心、一起快乐、一起成长,直到有一天,我们发现电视上的那些面庞太稚嫩、故事太老套,才明白自己也许已经过了看偶像剧的年纪。但在《咖啡王子一号店》落幕的那一刻,我们会回想起我们同偶像们一起成长的岁月。

如 梦之梦

怀旧：从共同的记忆中寻找归属感

沉默的马大爷

经验说：怀旧是一种思乡情结。
实验说：怀旧是我们找到归属的方式。

怀旧似乎已经成为当今社会的文化关键词。以小学教室作为主题的 80 后概念餐厅火爆京城，每天爆满。初中英语课本被重新翻出来，网友创作了漫画、歌曲和话剧，续写李雷和韩梅梅的爱情故事。《西游记》《新白娘子传奇》《还珠格格》重播了一遍又一遍，成为各个电视台获取收视率的捷径。在 KTV 的点播榜里，经典老歌也总能占据前列。

为什么我们会对过去的东西情有独钟？这种怀旧现象背后的原因是什么？

怀旧的过去是思乡

在心理学中，怀旧 (nostalgia) 通常被定义为一种对于过去事物的偏好。怀旧的内容多种多样，去过的地点、见过的人物、经历过的事件和情境,都可以成为怀旧的对象。

人类对于怀旧的认识经历了一个发展的过程。早期研究大多关注于思乡(homesick),即对于一个人故乡的怀念。这种特殊形式的怀旧曾被视为一种生理疾病。例如,17 世纪的瑞士医生乔纳斯·霍弗(Johannes Hofer)分析了在欧洲各地作战的瑞士雇佣兵的思乡症,将其归结为动物灵魂导致的大脑疾病。与他同时代的瑞士学者施瓦泽(J. J. Scheuchzer)则认为,思乡症是由于这些瑞士雇佣兵从阿尔卑斯山区来到平原地区,气候急剧变化导致血液涌上大脑。到了 19 世纪,思乡不再被当作生理疾病,但是仍然被视为抑郁症的一种形式。

怀旧因为缺乏归属感

近年来,随着新一轮研究的兴起,心理学界对于怀旧的认识也出现了重要的转变。首先,怀旧的定义从单纯的思乡拓展到了怀念过去的各种事物。其次,怀旧不再被看作一种病态的表现,相反,心理学家提出怀旧可能具有多种积极的心理功能,其中之一便是满足人们的归属需要。

作为一种社会性动物,人类对于归属感有一种本能的需求,希望与他人建立并维持稳定的情感联系。怀旧可以帮助我们满足这种需求,因为它本身就包含社会性的成分:怀旧时,我们怀念的不仅仅是过去的情境与事物,还有那些与我们一起体验这些情境、经历这些事物的人。进入一个新的环境(如升学或开始工作)时,归属感可能会受到威胁,此时怀旧就可以让我们与过去的社会关系重新建立联结,使我们不再感到孤单。

为了支持这种观点,来自中山大学的周欣悦等人考察了怀旧在应对孤独感时所起的作用。在一个实验中,他们首先要求大学生被试完成孤独感问卷,并通过问卷的措辞和结果反馈控制他们的孤独感,然后要求他们完成社会支持以及怀旧感的问卷。结果发现,那些被诱发了孤独感的被试知觉到的社会支持较低,不过在怀旧感问卷上的得分却较高,并且怀旧感可以提升被试的社会支持,从而能在一定程度上缓解孤独感的负面影响。为了进一步确立怀旧感和社会支持之间的因果关系,在另一个实验里他们中的一半被要求回忆一个让自己感到怀旧的事件,而另一半则回忆一个普通事件,结果前面怀旧组的被试体验到了更多的来自他人的社会支持,并且认为在自己需要时会有更多的朋友提供帮助。

重建被破坏的归属感

当怀旧的对象从过去的事件变为具体的产品品牌时,怀旧也可以起到类似的作用。荷兰伊拉斯谟大学的洛夫兰(K. E. Loveland)等人要求大学生被试坐在电脑前,与网络上的其他 3 个玩家一起玩传球游戏。实际上这些玩家都是由电脑程序控制的:一半的被试在游戏过程中获得了 1/4 的传球;另一半被试则仅在游戏的开始被传了 3 次球,之后就再也没获得传球。接下来,研究者给被试呈现一系列商品的品牌,其中一些是过去流行的,另一些则是现在流行的,要求他们做出选择。那些在传球游戏中受到排斥的被试更倾向于选择怀旧的品牌。此外,当被试吃下怀旧品牌的饼干之后,社会排斥带来的归属感需求也会更容易平复。研究认为,当我们现有的社会关系面临威胁时,怀旧可以让我们与过去生命中那些重要的他人重新建立联系,恢复遭到破坏的归属感。

曾几何时,追忆似水年华本是坐在摇椅上慢慢聊的事,但不知何时早已成了 80 后的集体狂欢。从这怀旧的集体狂欢中,你找到归属感了吗?

"那些年"的力量：怀旧让人更善良

那根聪 [*]

经验说：怀旧让人多愁善感、停滞不前。

实验说：怀旧也可以充满积极阳光的意义。

周六一早接到朋友 H 和 X 的电话。这小两口儿都是正宗吃货，又都是我老乡，所以口味相投，每每叫我去必能一饱口福。据透露，这次的饕餮主题是家乡菜。我二话没说，就兴冲冲地去赴宴了。坐了不大会儿工夫，就满满一桌佳肴了。H 递给我一碗看上去靓极了的排骨藕汤，我尝了一口，这厨艺果真不是吹的，那是……就是……一种家里的味道。忽然间，一种异样就涌上心头，我脱口对 H 说了句：我确实好久没回家了。霎时，无数在家中的情境于脑海中走马灯般穿行：争吵有时，嬉笑有时。曾经觉得腻歪的关爱也好，曾经无比烦厌的唠叨也好，忽然间令我无比地怀念。

这就是那个被叫作怀旧的东西。

---

[*] 作者系该研究团队的成员。——编者注

消极情绪还是积极情绪？

怀旧（nostalgia）一词来自希腊词"nóstos"和"álgos"，分别是"回家"和"疼痛"的意思，合在一起大概就是"思念家而带来的疼痛"。当年乔纳斯·霍弗把它创造出来，就是为了描述在一些奔波于异乡的瑞士商人身上发现的一组思乡综合征：心律不齐，不停地啜啼，疲倦且毫无食欲。这反映了人们惯常对怀旧的看法：那个让人多愁善感、停滞不前，但却招之即来、挥之不去的讨厌情绪。

然而，当心理学家们开始认真地思考并研究这一普遍的人类情绪对我们的意义时，却吃惊地发现，怀旧尚有很多积极的心理功能，比如：增强自尊、促使对生命意义的发现，甚至抵御孤独。细想一下，就会觉得这也许是再正常不过了，我们所怀之旧，大都是关于自己和其他人（特别是那些对我们重要的人们）相处的情境。因此，怀旧作用于人心的本质在于它增强了人们知觉到的与社会的联系。而作为社会性动物，我们又常常从各种社会联系中找到自己的归属感，又从归属感中找到自己存在的意义。

怀旧让人更善良吗？

而心理学家们并不满足于此，还想进一步探索怀旧这种社会性情绪的更多潜能，其中一个思路就是顺着怀旧到社会性归属感的这一链条。之前的研究表明，这种归属感常常会导致更多的助人行为。比如：当听到或者看到自己的安全依恋对象①的名字后，人们表现出更多帮助他人的意愿，并做出更多实际的助人行为。由于怀旧会激发这种社会归属感，那么，是否会进一步地诱发人们助人的动机和行为呢？换句话说，是否怀旧后，我们会更多地给予呢？从这一点出发，我们实验室就在周欣悦老师的带领下开始着手检验这个有趣的假设。

我们首先招募了在校大学生，要求其中一半人回忆一些能够让他们感到怀旧的事件。为了更强烈地激发怀旧感，就要求他们尽可能沉浸其中并详尽地将这件事写下来。作为对照，另一半的参与者被要求填写一件上周发生的普通事情。接下来，我们给参与者看一个虚拟的慈善基金会的宣传页，告知该基金旨在帮助2008年汶川地震的受灾儿童。请他们填写为该基金会自愿服务的时间和捐赠金钱的数额，从而测量他们的捐赠意愿。实验结果证实了我们的假设，相比对照组，那些被激发了怀旧感的大学生愿意为该基金会自愿服务更长的时间，也愿意捐赠更多的金钱给基金会。也就是说，怀旧的人更愿意捐赠。

怀旧似乎让人更善良

做研究有趣的一点就是：一个有趣的结果永远不会是终点，它只会使好奇的人提出新的问题，并推动一个有趣的故事不断向前

---

① 此处可以理解为自己信赖的人。——编者注

发展。我们在开心地讨论了这个结果之后,又提出了新的疑问——

第一,究竟怀旧增加捐赠行为的作用机制是怎样的? 也就是说它是通过怎样的中间过程达到效果的? 我们觉得有两种可能性最大:一是怀旧启动了正性情绪,正所谓"人逢喜事"也就格外给力;二是怀旧启动了人们的同情心。

第二,汶川地震对于中国人有着格外的意义,因此可能使得这一基金会有了特殊性,那么基于此的捐赠行为能否推广到其他更为一般的捐赠情境下呢?

针对这些疑问我们又设计了进一步的实验。首先,我们在诱发怀旧情绪后,测量了参与者此时的一些情绪状态,并计算了正性情绪以及同情这两类情绪的得分。其次,在测量捐赠行为上我们使用了一个虚拟的叫作"柠檬田"的基金会,而该基金会致力于改善省内边远贫困地区儿童的教育与成长环境。实验的结果又再一次印证了之前的假设——怀旧会增加人们的捐赠意愿。此外,对于怀旧对捐赠行为的作用机制,实验的结果更为支持是怀旧启动了同情心,从而使得捐赠行为增加的假设。

怀旧真的让人更善良!

虽然看来,已有实验结果对假设的证明是比较积极的,但我们还在担心一件事,就是这一结果在多大程度上能复制到现实生活中去呢? 也就是说怎么让怀旧效应在真实的捐赠情境下还会出现呢?

　　在我们想了好多天后,周欣悦老师提了两个极具创意的点子:第一,把怀旧的操纵容纳进慈善基金会的广告里;第二,测量实验参与者将其实验报酬中的多少捐给了虚拟的慈善基金会。

　　在接下来的一个实验中,我们在慈善基金会的宣传页中使用了两种不同的广告语,一种是基于过去的:那些日子——重建孩子们美好的回忆(即怀旧条件)。一种是基于未来的:就是现在——给孩子们一个美好的明天(即控制条件)。令我们振奋的是,在这个更为逼真的捐赠环境下,怀旧条件依然导致了参与者更多的捐赠行为。

　　写到这里,关于怀旧的研究故事先暂告一段落,但我相信怀旧的研究绝不会止步于此。无论怎样,有一点是可以肯定的:怀旧并不是一味地唱着悲情,让我们沉湎于过去无法自拔,而是充满阳光地载着我们驶向春天。

记得你等于记得自己

农 人

经验说：和我有关的人和事能记得更牢。

实验说：能激发大脑自我参照效应的就更容易被记住。

或许你也有过这样的经历：手机日历突然跳出提醒"今天××
×生日"，这时你才猛然惊觉，内疚地一拍脑门儿，心里嘀咕着："我
怎么又把他的生日给忘记了呢！糟糕，生日礼物还没准备呢！"内
心随即翻涌出无限愧意……为什么某些朋友的生日似乎更容易被
我们记得，而某些却总是被我们遗忘呢？这或许与记忆的"自我参
照效应"有关。

记忆也会"偏心"？

记忆并不是对输入大脑的所有信息都一视同仁。人们更容易
记住与自我相联系的信息，这就是记忆的自我参照效应。

1977 年，加拿大卡尔加里大学的蒂莫西·罗杰（Timothy B.
Roger）等人首次提出这一概念。实验中，他们向学生呈现了 40 个描

述人格特质的单词。每呈现一个单词后,就紧接着请学生回答一个与该单词有关的问题。问题分为四类:单词的结构(你认为这是个长单词吗?)、单词的语音(这个单词与 happy 押韵吗?)、单词的语义(这个单词和 active 的意思相近吗?)、单词是否描述了被试自己的人格特质(这个单词的描述与你的个性吻合吗?)。

在之后对被试测试关于这 40 个单词的记忆情况时发现,那些与学生的人格特质挂上钩的单词,记忆程度最高。大脑就像一台功能强大的机器,没日没夜地运转着。而自我则是潜藏在这台机器里的一枚过滤器,影响着信息处理、信息理解,当然也包括记忆。于是乎,当信息以一种与自我关联的方式编码时,就更容易被记住。

没有直接关联自我? 效应照样发生

生活中,很少有人会刻意将某个信息与自我联系起来。难道说自我参照效应只存在于实验室? 当然不是。在缺乏明确的与自我联系的线索时,某些信息仍然能自发激活大脑中与自我有关的内容,从而使信息更容易记忆。和自我有关的信息容易记,和自我无关的信息创造条件也要跟自我扯上关系。

在一项关于"自我线索与记忆偏差"的研究中,阿伯丁大学的戴维·特克(David J. Turk)等研究者向一部分参与者呈现一系列单词以及参与者自己的照片;向另一部分参与者呈现同样的单词,但使用的是安吉丽娜·朱莉的照片。很有意思的是,明明面对着同一堆单词,瞅着自个儿照片进行记忆的参与者,记忆效果更好。

生日也是与自我相关联的重要信息。人们会把生日日期所包含的那些数字作为自己的幸运数,甚至有些人会更亲近和信任那些与自己生日相近的人。当然,人们似乎也更容易记得那些与自己生日日期相近的朋友们的生日。

弗尼吉亚大学的瑟琳·可瑟伯(Selin Kesebir)和重广大石(Shigehiro Oishi)在一项实验中,向大学生呈现 4 个陌生人的信息。这 4 个陌生人的生日月份分别与大学生自己的生日在同一个月、早 3 个月、晚 3 个月、晚 6 个月。在之后的测试中,58% 的大学生都记得与自己同月出生的那个人的生日,仅 40% 的大学生记得与自己生日相差 3 个月的人的生日。

可见,即便普通如生日这种事情也能激发自我参照效应。忘记了朋友的生日,似乎也在情理之中,不用过分自责。

但,请别以此作为遗忘的借口

每个人生命中都有那么一些闪亮的时刻,因荣耀、喜悦、幸福而被铭记,如结婚纪念日、宝贝孩子出生的日子。每个人生命中也都有那么一些黑暗的岁月,因丧失、遗憾、悲恸而深刻,如父母的忌日、交通事故等。

再平淡无奇的日期数字,再柴米油盐的简单日子,经过情绪的渲染,都能激发出更为深厚的内在体验,与之相关的记忆便在脑海中扎扎实实地打下烙印,变得刻骨铭心。或许我们可以这样认为,所谓轻易忘记,只是用情不深吧!

梦的寓意，信不信由你

迷鹿波波

> 经验说：梦好像多多少少有些意义吧。
>
> 实验说：梦的意义都来自做梦的人，不会超过自己的能力范围。

你有没有过这样的经历：一觉惊醒，然后惊魂未定地给他打电话，小心地问他现在是否安好，因为在梦里你看到他在地狱昏暗的角落哀怨地唱歌。还有的时候，明明准备好一大早出门，却因为前一晚梦到地铁失事而果断决定不出门了。

虽然从古至今对梦的解释五花八门，有人认为梦只是睡眠状态下脑区活动的一种简单的副产品，也有像弗洛伊德这样的人认为梦是通往潜意识的大道。很多人愿意相信弗公的话，总觉得梦是有寓意的。因为梦里的人和事都是我们熟悉的，如果没有任何潜在含义，为什么梦见跟他亲吻而不是跟另一个什么人呢？

不管梦和现实是什么关系，不管梦是否能够预测未来、是否隐含着微妙的寓意，心理学家通过实验发现，对梦的理解确确实实影响着我们的生活和决策。

你认为梦是什么？

卡耐基梅隆大学泰珀商学院副教授凯利·摩尔韦奇(Carey K. Morewedge)和哈佛商学院副教授迈克尔·诺顿(Michael I. Norton)在 2009 年所做的一个研究发现，梦在每个人心中的重要程度是不同的。研究者给美国、韩国和印度的学生提供了 4 种已有的梦的理论进行选择，看他们对每种理论的接受程度。

理论 1：弗洛伊德理论。梦体现着深埋在潜意识里的情感，而那些被回忆起来的梦的碎片则能帮助我们揭露这些深藏的情感。

理论 2：问题解决理论。梦主要是用来处理与生存法则有关的信息。因此，梦能给我们提供有关如何解决问题的深刻见地。

理论 3：学习理论。梦是大脑处理白天所接触到的信息的过程，它帮助我们清理掉没用的信息，从而避免大脑信息混乱。

理论 4：副产品理论。梦是一种没有含义的幻象，是大脑在处理感觉输入的随机脉冲时所产生的一种幻象。

结果显示，不管在哪个国家，人们对弗洛伊德理论的认同度都是最高的，认为梦具有深层含义。美国 56%，韩国 64.9%，印度 73.8%，也许东方文化更加相信梦的潜意识含义。那么，对梦的不同理解会对生活有什么影响呢？

在调查参与者对不同梦的理论的信念后，研究者要求这些参与者想象三种不同的情景：在他们打算坐飞机出门的前夜……

(1)他们想象着自己所搭乘的飞机失事了;

(2)他们梦到自己搭乘的飞机失事了;

(3)他们所选择的路线在他们出门前夜发生了真实的飞机失事。

哪种情况更可能使你取消航班呢?首先可以肯定的是,梦到飞机失事比想象失事更可能影响你的决定,无论你对梦有着怎样的理解。而认同弗洛伊德理论的人,会认为梦到的失事比真实发生的失事更加可能使自己取消航班;而不认为梦具有潜意识意义的人,则觉得真实发生的比梦到的要可怕,会更容易导致自己取消航班。

所以,并不是每个人都会那么强烈地因为梦到诡异的事情而惴惴不安,只有强烈认同弗洛伊德的人才会觉得梦到的危险事件比真正发生的事件还让人恐慌。

你喜欢什么样的梦?

另外,这个研究还发现,不仅不同的人对梦的看法不一样,对同一个人来说,不同的梦其重要程度也不一样。你可能也体会过,虽然做过很多梦,但是大多数很快便忘记,有的梦却不断被想起,甚至拿它作为行为指导的重要依据。这里所说的梦,是指被意识到的梦。事实上,每个人每晚都会做大量的梦,只是有的人醒来知道做了梦并能或多或少回忆起梦的内容,有的人却完全不知道自己做梦了。这里所说的对于梦的解析,是指对那些醒来后记得的梦。那些根本没被意识到的梦,就另当别论了。

什么样的梦更容易被记住呢?答案是,人们更喜欢那些与自己的固有想法相符合的梦。

研究中,研究者先通过调查把参与者分成两组,一组是虔诚的教徒,一组是不可知论者。然后要这两组人同样想象,他们梦到上帝对他们发出两种暗示:

(1)他应该去进行环球旅行;

(2)他应该去麻风病人集居地待 1 年。

然后要他们评判这两个梦的暗示对他们来说有多大的意义。

结果表明,这两组人会因为先验固有想法不一样而对梦里的两种暗示有不同的诠释和赋值。对于虔诚的教徒,不管上帝要他去环球旅行还是去麻风病集居地待 1 年,他都觉得这是上帝的旨意,是同样重要的。而不可知论者的答案是,第一个暗示比第二个暗示更有寓意。因为在他眼里,上帝并不重要,他的先验想法是他喜欢旅行,而不喜欢去麻风病人集居地待着。他认为让他环球旅行才是有重要寓意的梦,他可能马上以此为理由放下一切去环球旅行,而至于上帝要他去照顾麻风病人的事,当然是提都不会提,甚至想都不会想的了。

每个人对梦的诠释都是有选择性的。因为我们渴望梦能验证与支持我们的先验想法,所以我们便选择性地去关注那些"心有灵犀"的梦,这和其他心理学家们曾经提出的"证实偏见"不谋而合。证实偏见是说人的大脑有强大的选择机制,会自动过滤那些你不赞同的观点,只留下你认为正确的。

尽管多年来科学家一直在对梦进行着孜孜不倦的探索,对于梦的真实含义我们依然知之甚少,所收获的也不过是在大胆假设的基础上,发现了一些有趣但难以解释的现象而已。就让我们暂且看着科学家们继续小敲小打,为将来的某个惊天大发现做铺垫吧!

犹太人流传的古籍《塔木德》里说,"一个没有得到释义的梦,就像一封未曾被启读过的信"①。这么一想,我觉得自己简直像一个存封了无数未开启信封的超级大信箱了。你也是这样吗?但愿我们赶紧找到那把开信箱的锁吧。

---

① A dream which is not interpreted is like a letter which is not read.

世界上为什么存在"灵魂"?

Lithium42

> 经验说：灵魂啊，来世啊，不都是封建余孽嘛！
> 实验说：这类信念是人类用来抵御死亡恐惧的隐藏防护心理
> 机制。

没错，你没有看错标题，心事鉴定组要和你探讨一下灵魂这回事。这世上存在灵魂吗？

别急，先不要忙着表决心，你是一名坚定的唯物论者，不相信灵魂、来世等"封建余孽"。想想看，在你这么多年的人生经历里，是否也曾被《午夜凶铃》里的山村贞子吓得花容失色？是否也曾向他人心有余悸地讲述自己鬼打墙、鬼压床的经历？是否曾给先人烧上一些纸币元宝，甚至别墅、香车、银行卡？或是在寺庙里"虔诚"地烧香叩头，为自己或家人祈福？

如果你的答案并不是坚定的一连串的"否"，这并不意味着你不够科学。世界上的确存在灵魂，它们就游荡在我们内心，活跃在各地文化中，从古至今，阴魂不散。从盂兰节到万圣节，从古埃及人的冥界漫游指南《亡灵书》，到中国人《聊斋志异》《牡丹亭》里的人鬼情缘，对灵魂的信念深深根植在我们的内心中。

古埃及人的《亡灵书》

虽然按照现代科学的标准，灵魂之说只是无稽之谈，但为何大家还是乐此不疲地相信它的存在？

身体和心灵的分离

尽管是一名无神论者，美国阿肯色大学的心理学家杰西·贝林（Jesse Bering）一直对灵魂、来世这些超自然现象格外感兴趣。他和同事曾经给 4～12 岁的小孩做了这么一个实验。首先，实验人员给小孩子们演一出木偶戏，一只迷路的小老鼠，又饿又困，被一条鳄鱼发现，残忍地吃掉了。

然后，他们问小孩如下几个问题。一些是关于这只已经死掉的老鼠的生理状况：它还会需要进食吗？它的大脑还在工作吗？一些是关于老鼠的认知功能：它还会感到饥饿吗？它还能听到鸟儿歌唱吗？一些则属于情感和思维范畴：它还会爱它的妈妈吗？

它知道自己已经死了吗?

思考死亡时,这些孩子们似乎把身体和心灵两者分开了。尽管很多最小的孩子已经意识到老鼠死后不需要吃喝,但却觉得它仍然会感受到饥饿。大一些的孩子即使知道这只老鼠的大脑已经停止工作,但它仍然会爱它的妈妈。更有趣的是,年纪越小的孩子就越愿意相信,即使死亡已经降临,老鼠的各项心理活动仍然在继续。

在杰西·贝林看来,这些把生理和心理分开的身心二元论 (mind-body dualism),似乎是一种直觉性的本能,是我们大脑默认的认知系统。意识到人死后就不再具有心理功能,反而是文化习得的结果。灵魂来自我们认知的局限。没有活人真正经历过死亡,孩子们并不能真正理解死亡。只有随着年龄的增长、知识的丰富,他们才会逐渐认识到,人死后,各项心理功能也一并停止。

"我们有两套分离的认知系统,一个处理物质物体,一个处理社会客体。"耶鲁大学的心理学家保罗·布鲁姆(Paul Bloom)认为,这种二元论为我们的超自然信仰提供了基础。我们可以想象没有心灵的物体,例如桌椅、杯子等寻常万物,也可以想象心灵独立于身体之外存在,这就是灵魂。即使肉体已经死亡,灵魂仍可以继续存在,我们便有了来世的观念。

"鬼敲门"的力量

杰西·贝林也从演化心理学的角度探讨这一问题。在他和同事于 2005 年发表的一项研究中,一群大学生参加一项空间智力测验,最高分者将会得到 50 美元的奖励。不过,测量空间智力并不是心理学家的实验目的。实验人员故意让电脑程序产生漏洞,有时会意外蹦出正确答案,让参与者有作弊的机会。指导语要求学生们一旦遇到这种情形,就马上按下空格键跳过答案,诚实作答。

参与者还被告知,这项空间智力测验是为了纪念一个已经逝世的研究生保罗(Paul)。但对于其中一部分被试,实验人员在旁边随意却严肃地告诉他们,有人看到过保罗的鬼魂在附近晃荡。然后,学生们将会在一个无人监督的环境下进行测验。

结果发现,被告知闹鬼的参与者,在接下来的测验中,作弊行为更少。心理学家认为,对鬼魂、神灵的信仰,可能是人类演化而来的本能。就像"举头三尺有神灵""不做亏心事,不怕鬼敲门"这些俗语说的一样,这种来自神灵的监视,尽管只是虚妄,却能无形中规范人的道德,增加人的亲社会行为,提高个体的名誉,从而帮助人们在集体中存活下来。

目的论的信徒

此外,我们常常认为世间万物是设计好的,是有目的的、有联系的,从而过度地将心理状况赋予客观物体,即使它们并无生命。1944 年,心理学家弗里茨·海德(Fritz Heider)和玛丽安·西梅尔(Mary-Ann Simmel)做了一个里程碑式的实验,论证了人类这种"目的

论"(teleology)的思维习惯。在这个实验中,参与者将观看一段动画

短片。短片中,几个黑色的几何图形(一大一小两个三角形、一个

圆形)将围绕着一个有开口的矩形运动。

　　观看完短片后,被试将描述他们看到的内容。在 34 名被试

中,只有一名被试用纯粹的几何语言描述了这一短片:"大三角形

进入了长方形,它出去了……一个小三角形和一个圆形出现

了……"大多数被试赋予了这些几何图形以人格和行为目的,并讲

述出了完整的故事,比如"一名男人计划见一个女孩……两个男人

开始争斗……女孩开始担心,从房子一角跑到另一角……"。

　　不只是成人如此,一周岁大的婴儿,就已经会运用目的论来推

导它周围的世界。在伦敦大学伯贝克学院的杰尔杰伊·奇布劳

(Gergely Csibra)等人的实验中,婴儿观看电脑屏幕上的动画。首先,

一个大球和小球都朝屏幕上方运动(图 1)。它们遇到了一个障碍

横板,小球通过横板上的小孔钻了过去,大球只能绕一个弯到横板

的另一端。这一动画被反复播放,直到婴儿不再觉得新奇,不去注

视这一画面。

　　接下来,研究者分别向婴儿展现两个情形。第一种情形下(图

2),尽管横板已经被去除,可是这个大球仍然绕了一个弯去和小球

汇合。第二种情形下(图 3),横板被去除,大球直接和小球汇合,不

再绕弯路。实验人员发现,一周岁婴儿对第一种情况的注视时间

更长,说明这一情形更加出乎他们的意料。此时的婴儿已认为大

球有追赶小球的目的,理应选择最短的路径。

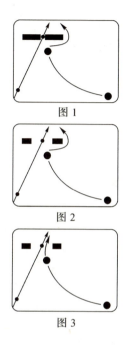

图 1

图 2

图 3

　　我们常常会从一些随机的自然现象中寻找因果关系,看成是上天的某种启迪。比如前一天晚上做了一个飞机出事的噩梦,第二天就临时决定改换航班。认为事情存在因果联系的另外一个例子是人类的"公平世界假象"。我们常觉得每个人得到的结果必然和他之前的行为存在联系,即使他可能只是一个无辜的受害者。我们总觉得"善有善报,恶有恶报""可怜之人必有可恨之处",可是从没想过,这也许只是随机的结果。

　　这种将事情认为有联系、有目的的思维倾向,无疑是我们形成灵魂、神灵等信念的有力动力。如果我们相信世间万物的存在都有目的和意图，如果我们认为万物之间皆有联系，那么就会推导出，在这纷繁复杂的世界背后，有一些全知全能、无所不在的力量在主导、设计这一切。这样，一位"上帝"就诞生了。

给苇草的慰藉

而英属哥伦比亚大学的阿拉·洛伦萨扬(Ara Norenzayan)和伊恩·汉森(Ian G. Hansen)发现，联想到死亡，会让我们更加相信超自然现象。在他们的实验中，一部分被试将设想自己死亡时的感受，而对照组则只是写下一些团队活动中的感受。

在经过此项测试之后，这些人将阅读一篇据称来自《南华早报》上的一篇文章。文章写到，苏联军方在冷战时期曾秘密使用西伯利亚巫师以协助情报搜集。这些巫师能够与逝去的巫师通灵，在千里之外看到一个人(如苏联人质)的位置。

接下来，参与者被要求回答是否相信这个故事中的种种超自然现象，如通灵、灵魂等。结果，对于那些已有宗教信仰的人来说，死亡的确会让他们更加相信超自然现象。不过，这一联想对本来就是无神论者的人来说，并没有什么效果。

"人只不过是一根苇草，是自然界最脆弱的东西。"这句来自法国哲学家帕斯卡尔的名言，反映了人类的终极恐惧——我们无时无刻不生活在死亡的焦虑中，死亡不能预知，又不可避免。

心理学家认为，来世、灵魂这些信念，就是人类内心的一套隐藏防护机制，帮助我们应对来自死亡的焦虑。如果这个世界真有灵魂,如果人死后仍然能以鬼的形式存在,这种设定对于我们这些渺小、脆弱、碌碌无为的人类来说,将是多么大的慰藉!

　　读到这里,你应该对各种鬼片免疫了。不知道下次你再观看《午夜凶铃》这种恐怖片时,心头会不会涌现一些温暖呢?

抹去痛苦记忆，"忘情诊所"不是一个传说

林竹萧萧

> 经验说：记忆可以被修改，也可以被抹去。
>
> 实验说：控制皮质激素分泌的确可以减少痛苦事件对人们的影响，但事情不仅仅那么简单。

记忆的神秘感不言而喻，《盗梦空间》中各路人马通过梦境在目标的记忆中镌刻或者抹去某段记忆，从而改变他们的人生轨迹。这样的情节仿如天方夜谭，绝非现实中能够发生。殊不知现实的离奇绝不逊于电影作品，它甚至更加耸人听闻。尽管原理、机制尚不完全明确，但科学似乎正越来越接近"记忆"的真相。

"植入"或"抹去"，修改记忆轻而易举

人对于自己回忆的确信度和所回忆事件的真实性在统计学上并不显著相关，错误乃至凭空产生的"回忆"并不能表示当事人一定是捏造事实，类似实例并不少见。

然而，也有一些人在经历真实的灾祸之后，却对此完全没有记

忆。即使并没有任何脑外伤，他们依旧"什么都记不起来"了。其他人可能认为这是一种逃避行为，是当事人"不愿面对现实"。但对当事人而言，记忆的缺失却是确凿无疑的——在应激导致的记忆障碍病人中，罕有患者能够在外界的帮助下"重拾"对应激事件的记忆。

药物抑制显神通

在电影《美丽心灵的永恒阳光》中，男主角突然发现女主角不再记得他，因为有一所"忘情诊所"能让人忘记想忘记的一切。也许这种情形并不是在做梦，加拿大蒙特利尔大学人类应激研究中心的科学家们就发现，可以通过抑制糖皮质激素的分泌帮助患者"忘却"痛苦记忆。

他们通过一则配以 11 幅插图的故事研究被试的记忆机制。这则故事来头很大，1994 年美国《自然》杂志首次发表科学家通过它研究情绪记忆的作用机制的论文，从此以后它就一直被用作情绪记忆研究的经典工具之一。故事中包含对人体情绪无明显影响的中性情节(开头和结尾)，也包含对情绪有负面作用的内容(中间部分)。被试先要在实验室里听这个故事，3 天后再次回到实验室来"吃药"。当然，一部分服用不同剂量的美替拉酮(一种可阻止糖皮质激素分泌的药物)，而其他人则服用安慰剂。2 小时后，研究人员要求被试回忆之前的故事内容。

又过了 4 天，被试最后一次受邀来实验室回忆故事情节，见证奇迹的时刻就此出现：研究结果显示，服用大剂量美替拉酮的志愿者对于负面情节的记忆明显比较差，但他们对普通情节的回忆却与常人（安慰剂组）无异，不受药物影响。更为重要的是，这种对负面情绪的影响会持续较长时间，即使在 4 天后，用药组糖皮质激素水平已经恢复正常，但对负面情节的记忆仍然显著低于对照组。

复杂的糖皮质激素

基于以上实验结果，科学家推断，可以通过控制皮质激素的分泌而减少痛苦事件对人们的影响，并且不影响对正常事件的记忆。这看上去是一个让人欢呼雀跃的新发现，尤其对大量 PTSD（创伤后压力心理障碍症）患者而言是一个巨大的福音。

但结合更多研究结果来看，就会知道事情不那么简单，我们对糖皮质激素与记忆之间的真正联系似乎还知之甚少。科学家早已经发现外源性可的松摄入能够抑制记忆提取功能，但其对正常情绪记忆与负面情绪记忆都有影响（上文所谓灾难后相关记忆丧失即可能与此有关）。与此同时，也有研究指出，对于精神应激的陈述性记忆，糖皮质激素存在促进作用（部分受应激后患者无法从记忆中走出可能与此关系密切）。

咦，这些结果怎么相互矛盾呢？

来自加拿大麦吉尔大学的研究者提出，糖皮质激素的作用可能是 U 型的，太低或者太高都对记忆有损坏，如果将其控制在适中的范围，则对记忆有促进作用。但怎么才能保证通过药物准确达到一个"适当"的浓度来实现期待的效果？

即便能够用药物准确控制糖皮质激素并改善对负面记忆的提取，我们仍然应当深刻警醒：糖皮质激素作用于全身，其影响太广泛，对炎症反应、免疫调节、血糖调节、营养代谢、应激反应都有着至关重要的作用，并且其作用具有一定的基因特异性。如果仅专注于其对记忆的影响而断然加以干预，可能会对其他机体代谢功能造成严重危害。彻底阻断糖皮质激素对机体而言是致命的；激素水平长期过高亦会导致免疫抑制、向心性肥胖、骨质疏松（乃至股骨头坏死）、高血糖等一系列不良反应。临床上激素的使用是非常谨慎的，要仔细权衡"疗效"和"损害"。

记忆的机制绝非是某一个激素能够解释的，无数个因素在不同层面相互交织作用最终使得"记忆"能够发生。对于大多数"凡人"而言，与其去思考复杂的机制，还不如静下心来欣赏记忆的神秘。那些深奥而烦琐的论调，无论是"记"还是"忆"恐怕都是没必要的。

记忆研究的不同层面

人类的记忆是一张交织密集的网，目前绝大多数与记忆相关的学术论文主要关心记忆机制上的某一条通路：它只是这张网上的一根丝与几个交点；如果将立足点进一步放大或缩小，基于不同的层面，亦会得到更多影响记忆的不同靶点。

让我们直接将目光穿透华丽的外表投射到记忆内部的生理

基础。

最知名的记忆核团当属**海马**。它与空间记忆关系密切,有时候人们可能对某个完全陌生的地方会有"似曾相识"感,或是对熟悉事物的"陌生"感,这些可能同海马功能异常有关。除此之外,基底神经节、边缘系统其他核团,它们都在记忆的形成、提取、修饰等各方面起到了关键作用。

无论是学习书本知识还是实践技巧,都需要通过建立反射从而实现记忆。而**神经元**就像是电缆,在此发挥重要作用。目前功能核磁共振(fMRI)已经用于临床,它可以帮助医生大体了解患者脑内神经元兴奋状态。而实验室中更是可以直接记录单个神经元细胞的兴奋性变化,从而探知单个细胞对特定类型记忆的影响。

如果说神经元通路是高精准精确打击,**激素**应该属于大范围轰炸了。由于激素作用的广泛性,其对记忆的影响也往往是"全局"性的。目前而言,临床上对患者精神、记忆的干预靶点主要是激素。

5-羟色胺受体抑制剂等药物已经被广泛应用于临床以治疗与精神或记忆相关的疾病。普萘洛尔、儿茶酚胺对记忆也有显著影响,但目前尚未用于记忆相关疾病的临床治疗。当然,激素的作用并非一定是全局性的,它可通过与不同特异性受体的结合从而实现在体内特定区域的功能和作用。

即使是阐述一个与记忆相关的极小问题,亦有 5 个 W 等众多科学问题——什么物质(what),在什么时候(when),在哪里(where),

通过何种机制(how),影响了哪些人或动物(who)的记忆——只有这样,故事才能够完整。目前人们对记忆的理解仅是冰山一角,还有无数的问题等着解答。

写游记会减少旅行乐趣吗？

婉君表妹

> 经验说：俗语说得好，分享快乐，快乐就会加倍。
> 实验说：解释性的语言其实无助于你保留快乐情绪。

不知道你有没有碰到过这样一些情况：

去旅游玩得很开心，回到家想写日志和大家分享，写着写着却发现没什么意思，然后默默把草稿删掉了；

碰到一件自己觉得很好笑的事情，和朋友分享并且把笑点向他解释之后，自己反而觉得没有那么好笑了；

在一次满意的网购之后写下了超级好评，之后回想却感觉东西并没有自己写得那么好；

……

这是怎么一回事呢？

分享快乐，快乐就会加倍？

俗话常说："分享快乐，快乐就会加倍。"可有的心理学研究说，那可不一定。

阿尔伯塔大学商学院心理学家莎拉·摩尔(Sarah Moore)发表在《消费者研究》的一项研究表明,语言表述会改变你对某件事情的体验感受:一个人把消极负面的体验经历(例如一次不愉快的网购经历)告诉别人,能够降低他的这些负面情绪感受的强度,使得他对这次经历的评价有所提升;但若是分享积极正面的体验(例如去了一家非常棒的餐厅),那事件带来的积极正面的情绪感受强度就会降低,此人对这次体验的评价会下降。

也就是说,分享痛苦,可以使痛苦减半;但是分享快乐,你的快乐不会增倍,反而会减少。

解释性语言的"威力"

当然,并不是所有的语言表述都会抹杀一段美好的体验。研究表明,主要是解释性的语言起着影响作用,它经过一个意义建构过程来最终影响人们对体验事件的评价,人们在经历负面体验时更多地使用解释性语言。

当经历一件事情时,我们会有自发的情绪体验,有些时候这些情绪是无法厘清的,此刻的我们是感性的。然而一旦开始对这件事情的发生或者对我们自己的喜恶体验做各种各样的归因(例如"我去欧洲是因为机票便宜"或"我喜欢欧洲因为它历史悠久"),这时候的我们就已经变成"理性的动物",而自发情绪的光芒就渐渐褪去了。

意义建构过程存在的目的，是帮助人们理解体验的产生，使各种各样的体验都能合理化，以减少个体对这一体验的兴趣，避免过多的注意力投放在这件事情上。所以这个过程有一种"平复"情绪的"中庸"倾向，只是希望你能快点淡忘这段经历。

实际的应用

解释性的语言在面对负面体验时是很有用的。比如说认知流派的心理咨询师就经常做这样的事：当来访者沉浸在自己的低落情绪中时，他们会向来访者解释他们情绪低落的原因，并且驳斥他们的不合理思维，把他们带进"理性"的世界。

然而有时在一些积极情绪体验中，我们并不提倡过于"理性"。比如说在爱情中，很多人喜欢问对方"你为什么说你爱我"，当对方开始寻找各种理由向你解释，你会知道后果是什么。所以说，当你沉浸在某种积极的情绪中并想留住它时，就不要想"为什么"。

生命有限，怎样显得时间更长？

zplzpl

> 经验说：时间过得好快，一眨眼就不见了。
> 实验说：时间流逝得快慢与否和其中填充得饱满与否有关。

每当夏天就要结束的时候，我都会觉得惊慌失措——游泳还没学会，吉他还搁在角落里没动，厨艺还没长进，减肥还没有开始又该贴秋膘了 ——那些开春就定下的目标一个都还没来得及实现呢，夏天就要这么狂奔而去了吗？不管是否愿意接受，不管我们是否下定决心改变坏毛病，学习新知识仿佛就是在昨天，夏天已然过去。而当你沉浸在哈七(《哈利·波特7》)的片尾曲中，迟迟不愿离场时，是否也在心里感叹——"十年，就这么过去了吗？"

时间感也遵循"相对论"？

尽管许多人对自己的时间感很有信心，但他们对时间的判断并不那么准确。许多因素都会影响人们对时间的知觉，比如对事件记忆的清晰程度、事件的情绪冲击性，或是在一段时间内，你究竟做了什么——如果在进入办公室之后的短短几分钟内完成了许多包含不同成分的复杂任务，我们会感觉实验已经进行了很长的时间，这也被称为"时间填充错觉"。而在另一个经典的研究中，一位探险家迈克尔·斯佛尔（Michel Siffre）与外在的时间线索完全隔绝，被关在密闭的空间内长达 2 个月，但他却相信只过去了 25 天——可能他在密室里面的 2 个月过得实在是太单调了。

但一个更有意思的现象是，很多时候我们在客观上知道两件事情发生的时间大致相同，却觉得一件事情仿佛就在昨天，另一件却恍如隔世。

来自宾夕法尼亚大学的心理学家盖尔·左博曼（Gal Zauberman）就在他的研究报告里分享过他的亲身经历："当我参观以色列前总理依扎克·拉宾（Yitzhak Rabin）纪念馆时，我感觉他遇刺仿佛还没发生多久；但想起我的双胞胎女儿出生，却感觉那是好久以前的事了。实际上，这两件事都发生于 1995 年。"他的报告题目也颇有诗意，就叫"1995，这么近，那么远"（1995 feel so close yet so far）。

延长生命的基本原理

左博曼和他的同事们认为，这种对时间流逝感的不同体会，是由我们对"目标事件"随后的"相关事件"的记忆多寡决定的。他们在一个研究中要求南加州大学的学生们想象自己领到通知书的那天，一部分学生要写出一些随后发生的与之相关的事情，一部分学生则需要写出一些新闻事件（无关事件），还有一部分学生只需写出 4 件事情即可,没有特别要求。

与回想无关事件的学生相比,回想相关事件的学生觉得领到通知书的那天已经过去了更长时间,并且,回想相关事件的数目越多,则感觉那一天过去了越久;而没有特别要求的学生和相关事件组的学生表现基本一致,这是因为自发想到的事情往往是相关事件,这也和日常生活中的情景更为一致。

除了这种个人化、富于意义的事件,左博曼等人发现这一规律同样适用于公共事件[伯南克(Ben S. Bernanke)被任命为美联储的主席或布兰妮决定要剃光头等和一些没什么意义的小事(每天在果壳网灌水等)]。这一理论也能解释为什么人们常常觉得与自己的孩子相比,远房表姐家的孩子仿佛是一夜间就长大了。远房表姐的孩子好几年才见一次,但我们却清清楚楚地记得自己的孩子第一声"妈妈"带来的幸福、第一天上学时自己的挂念、第一次远离家乡求学时自己的不舍⋯⋯

将时间填满

所以,觉得自己下定决心要改变、要提升自我仿佛就是在昨天吗?这并不是大脑欺骗了你,而是你可能确实是在"虚度光阴"——不得不承认,这也是一种精确的计时方法。

人脑不是数着表计算时间过得快慢,而是坐在一个叫"现在"的电影院里看一场叫"过去"的电影。当过去的内容丰富时,电影就更长,过去的内容不丰富,就会按快进。进电影院就是为了看电影,看电影的机会每张票只有一次,当你看到后来时不因过去拍摄的内容太少而悔恨、不因过去拍摄的内容太烂而屈辱,这张票就没白买。

事件切割理论：咦，我刚才是要干什么来着？

Lithium42

> **经验说：** 做完一件事后会想不起来下一件事是什么，真麻烦。
>
> **实验说：** 事件边界处大脑会清空工作记忆，有利于做下一件事。

世上再没有什么比记忆还让人灰心丧气的了，它真是一件设计糟糕的产品——即使是片刻之前的事情，转眼间也会忘得一干二净。你在电脑前写着文章，决定去书房查些资料，可当你来到书架前，却不知道自己想要做什么。你注意到茶杯脏了，拿着杯子走到厨房里，拧开水龙头，却看着白花花的水流不知所措。类似的场景，真让人抓狂！

在"阴谋论者"的眼中，这件事情绝不简单——每当你走进一间房间，却忘了自己进去是想干什么时，其实都是房间里有个外星人正好被你撞见了。火速赶来的黑衣人特工将外星人处理掉后消除了你的记忆，而你原来想做什么事的记忆也被一起消除了。

遗忘之门

不过,玩笑归玩笑,从美国圣母大学的加百利·雷万斯基 (Gabriel A. Radvansky)等人 2011 年发表的一项研究看来,门的确是个不祥的事物。仅仅是穿过一扇门,就会诱发人遗忘刚才的事情。

在一个实验中,参与者在电脑前控制一个人物在虚拟空间里走动。他们要从一张桌子上拿起一件物品,放进"包"里,然后走到另一张桌子前放下。有时,两张桌子都在同一个大房间里;有时,人物需要穿过一扇门,才能到达另一间房间里的桌子。当人物刚经过一扇门或在同一间房间走过相同的距离时,程序会让参与者就他们正拿着或刚放下的物品做出判断,记录他们的反应时间和错误率。

而在另一个实验中,研究者把实验搬到现实生活中,虚拟的电脑空间换成了真实的房间。参与者把物体放在鞋盒中,在桌子间移动,同时携带笔记本电脑,随时回答问题。

两个实验都呈现类似的结果:穿过一扇门后——不论这是一扇虚拟还是真实的门——参与者对物品的回忆,反应都更慢,准确率也都更低。

碎片化的生活

这扇神奇的门究竟是什么? 它如何对记忆发挥作用? 在解释这个问题之前,我们有必要梳理一下记忆的几个基本概念。当你查到电话号码后立刻拨号,拨号后又立刻忘掉时,这时你用到的是工作记忆。这只是一个对信息进行暂时加工和贮存的记忆系统,很快就会遗忘。但如果你对这些信息进行巩固和加工,它就有可能进入能保存更长时间的长时记忆。长时记忆有很多种,其中一种关于事件和情景的记忆,称作情景记忆。

在事件切割理论(event segmentation theory)看来,这扇诱发遗忘的门就是事件的边界。尽管外界的信息源源不断地流向我们的感官,我们却会自动地把这股信息之流切分为一个个片段,把"正在发生的"和"刚刚发生过的"事情分开。而在这些边界处,我们的工作记忆就自动地"更新",以处理当下的处境,而上一个事件的信息自动被清理,再难以回忆。在上文提到的实验中,当你穿过一扇门,尽管迈出的脚步只有咫尺之遥,你的记忆却已换了另一番小天地,也自然难以回忆上一个房间里的物品。

不论是让参与者主动划分电影、图片、文字等信息的界限,还是测量他们在处理这些材料时的生理指标,都能发现人们切割事件的迹象。例如,让一些没有受过音乐训练的参与者聆听交响乐。在每个乐章的交替处,人们右半球脑部活动会悄然改变,首先是前额叶皮层腹外侧区(VLPFC)和后颞叶皮层(PTC)的活动增强,紧随着前额叶外皮层(DLPFC)和后顶叶皮层(PPC)的活跃。再如,测量人们观看视频时的眼动和瞳孔直径会发现,在事件的边界处,人们的瞳孔直径会突然增大,代表了认知活动增多。同时扫视增加,表明人们对于一个新事件的重新定向行为。

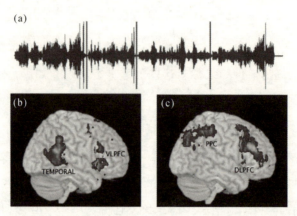

在乐章的交替处，人们的右半球脑部活动会发生改变，其中 TEMORAL 即 PTC。
图片来自文献 Sridharan D, et al. Neural dynamics of event segmentation in music: Converging evidence for dissociable ventral and dorsal networks. Neuron. 2007.

事件切割的双重效应

不过，事件切割对于记忆的影响是双重的。一方面，在事件的边界处，大脑会清空工作记忆，让你回忆不出上一个场景的信息；另一方面，为了适应新的事件，边界处的大脑会建立新的心理模型，注意增强，认知更活跃，此时的信息会受到更好的加工，从而可能进入长时记忆，过后还能被回忆起来。早在 1992 年，研究者就发现，同样的商业广告，如果放在电视剧两个事件的边界处，就比直接插入同一个事件当中，更容易让人们记住。

2011 年圣路易斯华盛顿大学的汉娜·斯瓦罗（Khena M. Swallow）等人发表研究，详细论证了事件边界对于记忆的多重影响。在正式实验之前，他们让一些参与者观看电影，把它们划分成一个个片段事件。综合这些参与者的结果,研究者得以确定每个相邻事件之间的边界。接着,研究者让另外一批参与者观看这些电影。电影中不断会有一些关于物品记忆的测试,询问 5 秒之前的某个物品是否出现过。

　　研究者考虑了两种影响。第一,在这 5 秒的间隔中,有时事件发生转换。这样,参与者回忆的物品,有的属于上一个事件(物品 C,D),有的还停留在当下同一个事件内部(物品 A,B)。第二,有些物品的呈现时间,恰好在事件转换的边界处。例如,在一段影片中,一个人用手枪瞄准气球,突然开火(事件转变)。此刻,墙上呈现一个钟,这个目标物品被研究者称为"边界物品"(物品 B,D)。

　　结果验证了研究者的理论。首先,回忆上一个事件中的非边界物品的成绩是最差的(物品 C)。事件转换后,上一个物品的信息随着工作记忆被一并清空——这就像你穿过一扇门后,就忘记了上一个房间的事情。但如果是回忆同一个事件内的物品,就没那么困难(物品 A,B)。其次,那些边界物品,由于已经进入了长时记忆(这里指情景记忆),在事件转变之后仍然可以回忆(物品 D)。甚至,由于当下的工作记忆被清空,认知负荷减少,没有目前信息的干扰,这种情况下的成绩反而最佳。

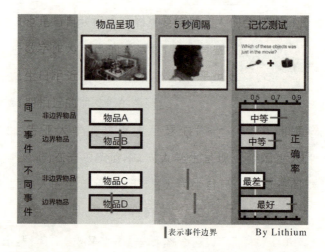

图片改编自文献 Swallow KM, et al. Changes in events alter how people remember recent information. Journal of Cognitive Neuroscience. 2011.

记忆"缺陷"是一种优势

为什么人们需要对事件进行划分？

这是因为，我们无时无刻不在预测未来发生的事件。这种划分能力，能够让人把一个相对较长的时间段当作一个组块来处理，从而节省认知资源。而工作记忆的不断更新，则能够让你专注于当下的情景，不受此前信息的干扰。尽管偶尔会出现这么一点"忘记自己之前要干什么"的小故障，考虑到记忆带给我们的强大功能，这仍然是一笔合算的买卖。

公元 2 世纪，身为古罗马皇帝同时也是一名哲学家的马可·奥勒留在《沉思录》中写道："时间是一条河，一条激流，流淌的是发生了的事物;一旦事物呈现人眼,它即被带走,由另一事物替代它的位置,很快,这一事物也被带走。"

我们的工作记忆也是这么一条转瞬即逝的河流,随着事件的变换,不断地新建又消逝。借用 20 世纪现代主义建筑大师密斯的一句话——"少就是多",不必苛求记忆事无巨细地记录下你生活的每个点滴,它正在用它的方式,给你创造一个高效而得体的生活。

白日梦：谁偷走了你刚才的记忆？

Lithium42

经验说：一走神就想不起来很多事情了。
实验说：神游改变了我们的心理情境。

白日梦，这可是个让人喜忧参半的东西。它能带来奇思妙想，激发创作灵感；它也能让注意力分散，工作效率变低。心理学家还给它新添了一项罪名——引发遗忘。你是否曾在开会时因为心不在焉而不大记得清老板刚才说了什么？或是在谈话中开了小差，就再也找不回原来的话题？

继事件切割理论之后，再一次，让我们聚焦因思绪的飞扬而引发的遗忘。

定向遗忘

"白日梦会诱发遗忘"——2002 年，佛罗里达州立大学的莉莉·萨哈克杨(Lili Sahakyan)和她的导师科林·凯利(Colleen M. Kelly)在一项关于"定向遗忘"机制的研究提到了这个现象。

所谓定向遗忘，就是有意的、有指向性的遗忘，比如想要忘掉刚刚分手的前男友或女友的电话。心理学家常采用词表法研究这种遗忘，他们让参与者学习两份词表。呈现完第一份词表后，要求一些参与者记住前面所学的，并继续学习第二份词表；而要求另外一些人忘记刚才学习的内容，把精力集中在下一份词表上。两份词表之后，参与者做一些诸如数学题等无关的任务，然后自由回忆刚才学习过的单词。结果显示，对第一份词表的记忆成绩，被要求遗忘的参与者果然比被要求记住的人更差。这样，"定向遗忘"的效应便出现了。

而在萨哈克杨和凯利的这项实验中，学习完第一份词表后，有些参与者被要求想象如果自己是隐形人，不必为自己的行为负责，会去做什么。而另外一部分人则和定向遗忘中的词表方式一样，被要求记住或忘记刚才学习的内容。结果，这场关于隐形人的天马行空的幻想，竟然和遗忘的指令一样，都会让参与者对第一份词表的记忆成绩变差。

神游越远，遗忘越多

上面说到的这个现象还只是冰山一角。后来，萨哈克杨来到北卡罗来纳州立大学格林波若分校做助理教授。2010 年，她和该校的彼得·迪兰尼（Peter F. Delaney）等人的一项研究得出，人的思绪飘忽得越"远"，之前的事情就忘得越多。

研究者仍然采用词表方式，在实验室里诱发白日梦的场景，他们控制了这些白日梦的远近。在第一个实验的两份词表之间,一些人想象他们正在父母的房子里——那可能是好几个星期之前的事情了;而另外一些人则想象他们现在住的房子——他们今早才从那里过来实验室。最终的自由回忆结果显示,尽管这些参与者对于第二份词表的回忆率并没有差别,但对于第一份词表,那些想象自己父母的房子的参与者记忆成绩更差。而且,离开父母房子的时间越久远,词表遗忘得越多。

第二个实验中,参与者则想象一次国内或国外旅行。类似地,那些思绪神游到国外的人比仍在国内打转的人对刚刚学习的内容记忆更差。研究者还计算出参与者心灵旅行的目的地到实验室的真实距离,结果证实了研究者的猜想,距离越远,遗忘果然越多。

记忆与情境

为什么白日梦会引发遗忘?

心理学家早就知道,我们的记忆不仅包括学习的内容,也涵盖记忆时所处的情境。当提取(也就是回忆时)的背景与编码(也就是学习时)所处的背景相匹配时,记忆最为有效。这条原则被称为"编码特异性"。

已经有汗牛充栋的文献证明了记忆和物理情境之间这种千丝万缕的联系。早在 1940 年,美国纽约皇后大学的心理学家埃塞尔·阿伯内西(Ethel M. Abernethy)就发现,如果在学生考试时,将考试教室更换到另外一个和上课教室不同的房间,或者将监考老师更换为不是主讲老师的人,这种情景下的考试成绩会更差。而英国斯特林大学在 1975 年做了这样一个研究,让潜水员在水下或岸边学习一些单词,然后在其中一个环境下测验他们对这些单词的记忆程度。当编码和提取的环境匹配时,潜水员的成绩会提高将近 50%。

在萨哈克杨等心理学者看来,白日梦虽然没有把人们真正带向别处,却悄然改变了参与者的心理情境。因此,参与者在回忆测试时的心理情境,就和学习第一份词表时有了较大差别,记忆成绩随之变差。在研究者看来,如果神游所到之处在时间或空间上和当下的环境差别越远,相应的心理情境改变会越大,遗忘就越多。

不仅仅是白日梦

2011 年,加拿大卡尔加里大学的雷曼·穆尔基(Rehman Mulji)和格伦·博得纳(Glen E. Bodner)的一项研究揭示,远不止白日梦一种方式可以改变心理情境,他们的实验同样使用词表方式。在学习完词表以后,有时,实验者会突然让参与者用一条毛巾擦拭电脑屏幕,有时,实验者会和参与者聊会儿天。这些突如其来的任务同样会诱发参与者难以回忆刚才学习的东西。在两位心理学者看来,这种状况就像在日常生活中,"被一个偶然的谈话打断也会引发遗忘"。

但并非所有的任务都能诱发遗忘。如果只是让志愿者在一堆数字串中找一个特定的数字,或是读一段文章读得越快越好,最后的记忆成绩就和没有被干扰一样。

可惜，走神无法避免。不过，既然知道了心理情境的改变会诱发遗忘，那么当你因走神出现记忆故障时，不妨尝试把思维拉回你记忆时的场景中。萨哈克杨和凯利于 2002 年发表的研究表明，如果让神游归来的参与者在最终的记忆测试之前，先仔细回忆一下自己刚开始进入实验室学习第一份词表时的环境、感受和想法，他们的记忆成绩会有一定的提高。

白日梦能够引发遗忘的现象，也有助于学者进一步理解"定向遗忘"。在萨哈克杨等研究者看来，这种遗忘是由于在被指示忘记刚才学习的内容后，人们的心理情境发生了转变。志愿者不仅改变了自己的记忆策略，把注意力转移到接下来的内容，还可能通过想一些其他的事情(例如某位参与者口头报告的"即将到来的一场婚礼")来帮助自己遗忘刚才的内容。就这样，他们的记忆成绩变差了。

而最后介绍的这项研究可能会给你些许安慰。迪兰尼和萨哈克杨在 2007 年发表的一篇论文称，那些工作记忆更好的人，记忆成绩受到心理情境转换的影响却更大。这可能是由于工作记忆更好的人，在学习时更注重情境与内容的联系，或者他们对于情境的改变更加敏感。

记忆有时"纯属虚构"

0.618

経验说：我记得很清楚，就是那样的。

实验说：那件事是你虚构出来填补记忆空白的。

1996 年 7 月 17 日晚上 8 时 30 分，美国环球航空公司的一架飞机起飞 12 分钟后坠入大海。当时，有目击者说飞机被导弹击中了，这个说法在目击者、调查者和媒体中迅速传播。不过，事后调查发现，飞机失事其实另有原因，并没有导弹。那目击者为什么回忆出导弹？

1992 年 10 月 4 日，一架波音 747 飞机撞上阿姆斯特丹一栋大楼。类似的情况再次发生。各大媒体都对这个重大灾难进行了详细报道，不过没有任何人拍到撞击后 1 小时内的画面。尽管如此，10 个月后，在心理学家汉斯·克劳姆巴格(Hans Crombag)和同事们的两次调查中却均有一半以上的公众报告自己在电视上看到了撞击的画面，并且生动地描绘了撞击的全过程——他们不知道这些记忆都是自己的虚构。

　　"虚构症"于 19 世纪 80 年代末第一次出现在医学文献中。当时,俄国精神科医生谢尔盖·柯萨可夫(Sergei Korsakoft)的一些病人因酗酒而患上某种记忆缺陷。他们无法记住近期发生的事情,取而代之的是自己虚构的离奇故事,其中夹杂真实的成分。一般人可以分清脑海中的想法哪些是真实的,哪些是虚幻的。通过对这些人的研究,我们渐渐明白正常人是如何认识世界的。

　　在人脑的眼窝前额皮层,有一个鼎鼎大名的"奖赏系统"。它指挥人们去寻求快乐,满足基本需要。后来,科学家发现它还具有另一个似乎更重要的基本功能:与其他额叶皮层一起见识大脑中产生的一切感觉、记忆和想象信息,抑制无用的,区分真实的和虚幻的,设定信息的优先级。当眼窝额叶皮层出现问题时,就可能导致"虚构症"。

　　虚构症并不是少数人才有的记忆障碍。神经科学家威廉·希尔施特(William Hirster)认为,每个人,尤其是当我们遇到和自己的经验不一致的事情时,都会虚构自己的知觉和记忆,让一切看起来更合理——花瓶不可能自己碎,因此在回忆这个"奇怪"的事件时,人们自觉地添加了一个"肇事者",却丝毫不觉自己的记忆出现了问题。

　　还有人做过这样的测试,让被试看一段录像,内容是一对夫妇的日常交流。在随后被要求回忆录像内容时,被试的记忆却产生了两种倾向。当被告知女主角是餐厅服务员时,被试记忆中的女主角拥有金发(西方人认为"金发无脑"),喝啤酒,听摇滚乐。另一组被试接受的信息是女主角是图书管理员,在他们的回忆中,她拥有棕色头发,喝葡萄酒,听古典音乐。

为了让事情更合理,人往往会通过"脑补"的方式,用虚构来填补记忆间的空白。不过,直觉常常误导我们,偏见由此产生。由于偏见,1999 年美国的四个白人警察对一名手无寸铁的黑人连开 41 枪,只因为他们把他手里的黑色钱包看成了枪。在内隐偏见测验中,如果要求将黑人和负面词汇分类到一起,被试的反应速度会更快,这说明人们总是把黑人和负面事物联系起来。早年的经典研究中,心理学家奥尔波特(Gordon Allport)给参与者看一张白人拿着剃刀同黑人吵架的照片,而参与者回忆出的场景里,剃刀却拿在了黑人手中。

从这个意义上说,每个人都是自己记忆的导演,剧情的发展取决于电影中心思想的需要。同样是鸡蛋和石头撞在一起,一些人看到的是"石头非要砸鸡蛋",另一些人看到的则是"鸡蛋硬要撞石头"。

你呢,想虚构站在哪边的记忆?

为什么我们的记忆靠不住？

方柏林

> 经验说：我很熟悉这个，我的判断错不了。
>
> 实验说：客观的衡量手段比自己的直觉和他人的说法更可取。

　　丹麦电影《狩猎》中，刚刚离婚的中年男子卢卡斯，在一个小镇的幼儿园上班。他非常喜欢小孩，和他们打成一片。可是不久，他的学生之一、他最好的朋友铁欧的女儿克莱拉向他示爱，给了他一个心形礼物，并亲吻了他的嘴唇。作为老师，卢卡斯委婉地告诉克莱拉不能这么做。恼羞成怒的小女孩告诉幼儿园园长说她不喜欢卢卡斯，却也说不出什么原因来。幼儿园园长高度重视，怀疑存在性侵。在她的追查下，学区调查人员、克莱拉父母和全镇人都认为卢卡斯性侵了克莱拉。卢卡斯在全镇被孤立，甚至遭到殴打。后来小女孩说自己不过是说错了话，大家仍然不相信卢卡斯。这是一个典型的"三人成虎"的故事，但电影也说明了记忆的不可靠之处。我最近碰巧在看一些关于学习理论的书，发现这个电影是认知错觉的一个极佳案例。

不要以为这种故事只是电影上的胡编。事实上 1998 年盖瑞·威尔斯(Gary Welles)和马克·斯莫尔(Mark Small)等人的一项研究报告发现,美国 40 起冤假错案(无辜者被控告,后经 DNA 测试证明清白)中,有 36 起是因证人错误指认所致。

为什么办案人员也信了这些说法?因为这些说法能够自圆其说。人总是渴求一种有头有尾、前后连贯的故事,但是这种渴求很危险,它让我们忽略现实中其他的可能。要是有人暗示某人是个小偷,你一定会越看越像的。哪怕出现了与之不符合的证据,你也会选择性地忽略。

人的记忆是非常不可靠的,一些干扰因素更是让其扭曲。澳大利亚心理学家唐纳德·汤普森(Donald M. Thompson)险些成为这种扭曲记忆的受害人。有一次悉尼一个女人在家里被人强奸,后去警局描述犯罪嫌疑人,后来警方根据她的描述,抓住了唐纳德·汤普森。幸亏案发时唐纳德·汤普森正在一个电视台做直播,有完美的"不在场证据"。可是这女子为什么会指认唐纳德·汤普森呢?因为案发前她正在看唐纳德·汤普森的节目,后来发生了创伤事件,在记忆当中将汤普森误作了强奸犯。

像这些大案,往往能进入我们的视野,可是记忆的扭曲和自圆其说对我们平日的生活也有颇多影响,包括我所关注的学习领域。《黏得住的学习》(Make It Stick)一书总结了一些原因:

• 认知幻觉(perceptual illusion):亦即我们的观察"看走眼",这可

能是我们注意力分散,也可能是受过去经历的影响,这让我们不能客观地观察到事实的情况;

- 记忆扭曲(distortions of memory):出于情感创伤、他人的说辞,我们对于事件的记忆发生变化,甚至黑白颠倒;

- 想象膨胀(imagination inflation):起初自己纯粹想象的情况,因缺少质疑,后来被我们接受为真实的情况;

- 渴求说法(hunger for narrative):我们对自己不能了解的情况,力求找到一个合理解释,以终结我们的猜测;

- 趋同结论(congenial conclusions):接受和自己的解释比较吻合的结论,对于不符合此模式的新问题,我们会选择性忽略;

- 忽略模糊(resolve ambiguity):在观察和记忆的事件中强加顺序,排列组合成我们能理解的模式;

- 接受暗示(accept suggestions):接受他人一些说法的误导,误以为这和自己所应对的情况有关;

- 遭遇干扰(interference):在原始事件和结论之间,我们遇到了一些新的信息(哪怕无关),结果我们会在新的信息和结论之间建立关联。

这些记忆和观察的错觉,影响到我们日常生活中的种种判断。说到底,要想解决这样的扭曲,我们必须尽量避开来自本能的判断。我们常听到对于"直觉"的追捧,事实上直觉是不可以作为证据的,不管在我们自己看来是何等可靠。更应该追求的,是理性的分析、证据的采集和判断。后者更需要时间和耐心,得延缓判断,不匆忙追求在我们大脑中的"结案",或是限定自己找到特定的证据再做判断。为了避免自己的记忆或者认知错误,我们也有必要参考第三方的意见。有的时候开会,我发现,聪明的主持人为了避免大家意见趋同,而忽略关键视角,甚至会指派人提出"魔鬼支持者"(devil's advocate,是指在辩论中针对多数派进行批判或反驳的人,抑或指该职责)意见。

在学习上,这种错觉和扭曲,体现在"流利的幻觉"(fluency illusion)上,比如我们可能看了某材料很多遍,觉得看熟了,甚至倒背如流,但是这种熟悉未必可以换算为深入的了解。这就是为什么世间会有一些"白痴天才"的缘故。他们可以熟悉一种材料,但这种熟悉来自行为主义所说的那种刺激——反应而已。一些学习内容,我们误以为自己记得了、熟悉了,可是其中可能谬误丛生,扭曲变形,我们根本没有学进去。就好比我们对于一个罪犯,自以为形成了一定认识,能够指认,其实只不过是大脑给我们的幻觉而已。

如何解决这个问题呢?可使用客观的衡量手段,不要相信自己的直觉和他人的说法。在刑侦学中,DNA测试等手段的使用,客观上减少了错误的可能。或者是做测验题,一些我们觉得可能熟悉了的话题,我们做了测试,才发现自己没有彻底明白,这种测验提供的反馈,也能纠正我们自以为熟悉的错觉。这种测试应该是累加式的,因为我们可能一次测验做对了,这会强化我们的熟悉错觉,但下一次又不对了。如果测验题不断滚动,我们可能会不止一次接触到同一个题目，就可能产生更为深刻的认识。同伴学习也是一个好办法，几个人一起，假如都能排除成见的干扰，能开诚布公地合作解决一个问题、学习一个话题，我们可能会彼此纠偏。

你 的眼神

"外貌协会"靠谱吗?

农 人

> 经验说:美的就是好的,好看的人更受欢迎。
> 实验说:人们对待相貌出众的异性和同性的态度可能不
> 　　　　一样。

　　谁都不愿承认自己"以貌取人",可事实上,人们总是有意无意地将"美貌"与聪明、幸福、魅力、能力、成功等"美好"的事物联系在一起。美丽的外表犹如巨大的光环,眩晕了看客们的眼,催生出"一美俱美"的错觉。

　　美国明尼苏达大学的凯伦·迪昂(Karen Dion)、艾伦·波斯切特(Ellen Berscheid)以及威斯康星大学的伊莱恩·沃尔特(Elaine Walster)通过实验证实了"美的就是好的"这一刻板印象的存在。他们要求大学生参与者观看 3 张陌生人(外表的吸引力分别为:高、一般、低)的照片,并对这 3 位陌生人的人格特质、生活质量、事业成就进行评分。这一实验结果显示,相貌出众者被认为更受欢迎,事业更成功,家庭生活更幸福。

许多研究都不约而同地表明，"美的就是好的"这一刻板印象为美貌者大开方便之门，获得更多的褒奖，更多的追求者，更好的工作邀请，更高的起薪，更多的选票……而无奈之下，那些相貌欠佳的实力派，就只能暗自眼红、愤愤不平吗？

美的也不一定都是好的

当然，"美丽"这张通行证，也不是万能的。有时，它甚至成了绊脚石。

当面试传统意义上由男性主导的职位时，相貌出众的女性往往败北，这就是"红颜祸水"效应。耶鲁大学的玛德琳·海尔曼(Madeline Heilman)和洛伊斯·猿渡(Lois Saruwatari)探究了性别和相貌对管理类工作与非管理类工作求职的影响。研究发现，相貌出众的男性，在这两类工作的求职中均有优势，而美丽的女性却仅仅在非管理类职位的面试中更容易脱颖而出。

在同性对象与异性对象的眼中，"美"也会掀起迥异的波澜。人们欣赏异性，而乐于挑剔同性。尤其是当这位同性还是个极富魅力的家伙时，内心的酸水，可想而知。为了保护那孱弱的"小我"，人们不得不对那位同性尖酸刻薄起来。于是乎，异性眼中的"西施"，可能成为同性口中的"狐狸精"。

这一现象，甚至波及了组织决策领域。心理学家玛利亚·阿格泽(Maria Agthe)等人发现，无论是求职面试还是入学选拔，无论是观看求职者的照片还是视频，无论决策者是男性还是女性，即使简历的内容一模一样，人们依然倾向于欣赏和录用相貌出众的异性，而给予同样富有吸引力的同性较低的评价。

美的演化论

环肥燕瘦，每个人心中似乎都有着不同的美的定义。然而，科学家却发现，人类对美的标准具有跨文化的一致性。对称的面庞和身形，光洁细腻的皮肤，丰满的胸部，总那么招人喜欢。这是为什么呢？

褪去文明的外衣，让我们回到几百万年前，那茹毛饮血、狩猎采果的时代。那时的热点问题，莫过于如何在危机重重的大自然努力生存和繁衍下去。在那时，"好的"就是"美的"。面孔和身体的对称代表着健康，与这样的配偶结合不仅能受到更好的照顾，子女也能遗传到优良的基因。年轻、貌美的女性最富有繁殖力，能生育更多健康的儿女，能在与自然的抗争中胜出，延续种族，并延续至今。

时光悠悠，如今人类远离了恶劣的自然环境，但对美的评判标准依然保留着几百万年前的痕迹，习惯性地寻找这样的"美"，喜欢这样的"美"，却不自知地忘记了这样的"好"并不一定适用于现代，许多"冤假错案"也就此发生。

情人眼里为何出西施？ 你只看到你想看到的

hcp4715

> 经验说：眼见为实，有图有真相。
>
> 实验说：视知觉受许多高级认知功能的影响，并不客观反映
> 事实。

人们似乎认定眼睛看到的事物就是客观真实的，然而心理学研究发现，人类的视知觉并非对外界的精确复制。视知觉不仅仅是选择性的和具有偏向性的，而且会受到情绪、动机等高级认知功能的影响而发生变化。

20世纪四五十年代，杰罗姆·布鲁纳（Jerome Bruner）等人提出从新的视角来理解知觉，认为知觉是受到多种自上而下因素影响的积极建构过程。换句话说，我们看到的东西不仅仅受到物体本身物理特征的影响，而且受到我们想法和状态的影响。

硬币有多大？ 看你的口袋里有多少钱

作为对其理论的支持，布鲁纳与塞西尔·古德曼（Cecile

Goodman）在 1947 年进行了一个经典的实验：他们让一群 10 岁儿童通过调整一个光圈的大小来估计硬币的大小。结果显示，孩子们会高估硬币的大小，并且硬币的面值越大，这种高估的程度越大。更引人注目的是，他们发现穷人家的孩子对硬币的高估程度要大于富人家孩子。作者对此的解读是：对穷人家的孩子来说，硬币的价值更大，因此他们会觉得硬币的直径也更大；而对富人的孩子来说，硬币的价值相对较小，所以对其直径的判断也相对客观。

然而，后来的研究者对布鲁纳和古德曼的解释提出了质疑。他们指出，穷人的孩子对硬币大小误判的原因并非一定是由于硬币对他们更具吸引力，还可能由于他们跟硬币接触较少，不太熟悉硬币大小；或者是由于他们记忆失误，而非知觉的偏差。虽然布鲁纳提出的"新视角"理论中的很多观点都受到了重视，但由于在方法上受到质疑，所以动机因素对视知觉的影响尚未完全得到心理学界的重视。但是，最近的研究又为此提供了支持。

情人眼里出西施，只看到对我有用的

康奈尔大学的艾米莉·鲍瑟提斯（Emily Balcetis）和戴维·达宁（David Dunning）2006 年发表了他们做过的 5 个实验的结果，来检验动机因素对视知觉的影响。假设你参与了他们的第一个实验，来到实验室，研究人员想请你品尝并评测两种饮料中的一种：一瓶饮料看起来像刚榨出来的橙汁；而另一瓶暗绿色黏液看不出来是什么液体，但标签上写着"有机蔬菜饮料"。然后，研究人员把两种饮

料分别打开让你闻一下味道。嗯,第一瓶果然有橙汁的香味,但是你把鼻子凑到第二瓶时,"呃,好难闻!"这时你可能开始默想:"喝橙汁肯定比蔬菜汁好。"

　　然后研究人员告诉你,花 3 分钟想象一下你每种饮料喝 240 毫升后的感受。经过生动的想象,估计你已经开始祈祷:"一定要让我品尝橙汁,不然恶心死了(当然不排除对有机蔬菜汁有特殊热情的人)。"

B—13 双歧图。来自文献 Balcetis, E., & Dunning, D. See what you want to see: Motivational influences on visual perception. Journal of Personality and Social Psychology, 2006.

　　接着,研究人员告诉你,你品尝哪种饮料由一个电脑程序随机决定,如果电脑上呈现的是数字,你喝橙汁;如果呈现的是字母,不好意思,就帮忙尝尝蔬菜汁(有另一半的参与者相反,数字表示要喝蔬菜汁,字母表示要喝橙汁)。

　　研究人员打开电脑的程序后,就去整理自己的资料了。你盯着电脑屏幕,满心期待数字的出现。等待中看到屏幕闪出上图后,就跳出个窗口,提示程序没有反应。程序崩溃了? 又等了几分钟,程序仍然没有反应,你不得不叫研究人员过来。他看到屏幕的画面,感叹一声:"这个老机器,又死机了!"然后问你:"刚刚看到了什么?"如果你的反应与大部分参与者相同,就不会意识到这是一张双歧图,只是诚实地回答:"看到了,是 13!"(当然,如果字母表示你将要喝橙汁的话,你的回答就是 B 了)。统计结果验证了作者的假设:参与者的愿望会影响他们看到的内容。

随后,为了重复验证实验 1 的结论,研究人员换了一种实验程序,这次的参与者要品尝 3 种产品中的一种(水、糖果或者黏液状的黄豆罐头),但是决定他们品尝哪种的程序不再是随机呈现,而是玩个小游戏。在游戏中,如果你看到卡片上画的是家畜,就得正分;如果你看到水生物,就得负分(与实验 1 相同,另一半参与者的规则相反)。一共有 15 张卡片,总分决定你品尝什么:正分吃糖果,负分吃黏液状黄豆,0 分喝水。你的得分会清楚地显示在电脑屏幕边。

研究人员对实验动了手脚,所有参与者都会碰到相同的情况,即到第 12 张卡片时,你的分数是负分,到第 14 张时,你发现,只要有一个正分,你就可以去品尝糖果,而不是那个看起来很恶心的罐头了。这时,你看到下图的图片。

如果你与实验中大部分的参与者相同,你的反应可能是:太好了,是个马头,哥不用吃那个罐头了!(当然,如果开始时研究人员告诉你水生物得正分,你的反应就会改成:太好了,是个海豹,哥不用吃那个罐头了!)鲍瑟提斯和达宁的假设得到了进一步验证。

马和海豹双歧图(来源同上)

在后面的 3 个实验中,研究者进一步验证了参与者确实只看到了双歧图形中的一种,而不是其实看到了两种可能的图形,但只报告了想要的那个,这可能就是你只会看到你想要看到的一面。"情人眼里出西施",是这种现象的现实版。

"蛋糕"还是"目的"(cake or sake)? 看你饿不饿

实验室之外,我们的愿望更多的是饿了有东西吃,渴了有水喝。那么这些愿望会不会给我们的眼睛蒙上一层特殊的色彩呢?两个视知觉的研究给了我们肯定的回答。

法国尼斯大学的研究者瑞米·拉德尔(Rémi Radel) 和科伦廷·克雷蒙-吉约坦(Corentin Clément-Guillotin) 在 2012 年发表的研究中检

验了对食物的需要会不会对人们的视知觉产生影响。他们约参与者午餐前到达实验室(早餐后 3～4 小时),参与者到达后,研究人员告诉他们:实验要推迟。但是跟一半的参与者说 10 分钟后再回来(饥饿组);跟另一半参与者说推迟 1 个小时,他们可以利用这个空档去吃午餐(参与者们确实都吃了午餐)。

再次回到实验室后,参与者们自然形成了饥饿组和非饥饿组。参与者要做的任务是确认在屏幕上快速呈现的单词。首先,每个参与者都完成一个预测试,找到他们能看清楚的最小的字号。然后,参与者观察 33 毫秒迅速闪过的单词(每个单词出现前都会用 # # #或者 $ $ $遮挡)。参与者看完每个单词后有两个任务:评价单词的可见度,并在两个选项中选择一个(比如在 cake 和 sake 中选择一个)。

对实验结果的统计支持了研究者们的预期:饥饿的参与者觉得食物相关的单词可见度更高,而且他们对食物相关的单词识别率更高(通过二选一的答案计算)。因此,研究者认为,动机不仅影响对双歧图形的知觉,而且在视觉加工的早期阶段就已经起作用,决定我们能看清什么。

此外,马克·常逸梓(Mark Changizi)和沃伦·霍尔(Warren G Hall)2001 年的研究也发现,身体缺水的参与者会将模糊的双歧图形知觉为更加透明,而透明正是水的主要特征。这说明渴也影响着我们的视知觉。

谁的面孔更占优势：看别人有没有说他的坏话

以上的研究表明了生理的动机会影响其对外界物体的知觉，当然，人类作为社会动物，还有社会因素引发的动机。比如，我们要想幸福地生活，就要识别并且避开那些做过坏事的人。《科学》杂志曾发表过的一个研究表明，这种识别"坏人"的动机也会影响我们的视知觉。

2011 年，美国东北大学的埃里克·安德森（Eric Anderson）等人通过一个巧妙的双眼竞争实验发现，对于同样不带明显情绪的面孔，我们会更加注意那些被赋予了不道德行为的面孔。

视知觉看似是非常简单、非常直接的心理过程，然而心理学家和其他领域的研究者却发现，这一过程不但十分复杂，而且受到了诸多高级认知功能的影响。可能正是这个复杂的系统，让机器视觉难以媲美人类视觉。

"眼中体"，你为什么能流行？

琦迹 517

经验说：对某类职业人做标签化的特征描述，这又是刻板印象作祟吧。

实验说：积极且明确的角色知觉能够显著地影响人的工作表现。

苏格拉底、乔布斯以及林书豪都忠告过我们：认识你自己。奈何"不识庐山真面目，只缘身在此山中"，有时候，我们却需要通过他人的视角来了解自己以及自己的角色。然而，一千个读者就有一千个哈姆雷特，有些人眼里的普通青年，在另一群人看来，却显得很文艺……处处躺着中枪的网友们终于忍无可忍，继咆哮体后，发扬了又一个能让人引起共鸣、吐槽不止的流行体——眼中体。

为什么"眼中体"能一次次击中网友的内心，激发广大网民的创作热情，继咆哮体后再度引爆网络？也许是因为它的可视化更加形象生动，又或许是因为它不仅能让人获得社会认同感，吐槽屡教不改的刻板印象，而且还能让自己拥有更积极明确的角色知觉，在组织中表现更好。

不同人眼中的心理学工作者,创作:0.618。

寻找:换汤不换药的社会认同

果壳网心事鉴定组曾经分析过,从社会心理学的角度出发,一度流行的咆哮体也许源于强烈的对"社会认同"的渴望。"这种疑似'从众'的心理倾向,让所有人都紧密团结在自己所属的群体周围","并通过强调和夸大自己群体与他人的差异,使得群体内相似度最高而群体间差异性最大,由此获得积极的自我评价并提升自尊"。

如果说"伤不起"是渴望被认同而咆哮的炫耀,那么,现在的"眼中体"也许就是在吐槽与自嘲中,换汤不换药的另一种获得社会认同的傲娇——通过晒委屈、误解与梦想，引起相同群体的共鸣，"本着凑热闹的娱乐精神来丰富业余生活，却意外地收获了社会认同感，成为一个小众团体的一部分，还顺便提升了自尊"，减少了自己的主观不确定性。

同一种委屈，同一种梦想，看到自己行业或专业的眼中体时，是不是有一种"同是天涯沦落人"的归属感？哪怕有再多的伤不起，只要发现自己并不孤单，都能让我们获得安慰。你不是一个人被误解嘲讽！不是一个人！

吐槽：无处不在的刻板印象

继续阅读之前，请欣赏心事鉴定员的读心时刻：好，闭上双眼，放空大脑，快速想象一个"媒婆"的形象，5 秒后，请睁开双眼。下面，就是见证奇迹的时刻：你想象的那个媒婆，是个人到中年的妇女，头戴红花，穿得花枝招展，手上挥舞着手绢，脸上还长着大大的一颗痣……谢谢，5 秒的掌声之后，请不要认为这是特异功能，因为我们都有着种种对于不同群体的刻板印象。

刻板印象就是我们对某一类人所具有的特征的高度概括，而且这种想法往往是快速而自发完成的。虽然刻板印象像是大脑在加工外界信息时的一个节能装置，快速且低碳地完成了众多的认知任务，但在生活日新月异、工作隔行如隔山的新时代，刻板印象更多地体现的是误导众人的一面。很多对于工作与专业的刻板印象，就像日落西山的浏览器版本 IE6，再通过它来一览万千世界只会显示越来越多的错误信息或者扭曲的界面。而我们的专业职业，则像属于我们自己的个人网页，只有在网页中加入提醒用户升级 IE6 的代码，甚至放弃对 IE6 的支持，才能避免他人错误的刻板印象继续在自己身上蔓延。

显然，眼中体就是网民又一次吹向刻板印象的进攻号角：你妈妈喊你回家升级浏览器！别再误会我们了！IT 男不是只会修电脑！果壳员工不是都是单身！

发现：积极的角色知觉

不难发现，积极创造眼中体的广大青年们，他们理想中的自我，大多都是各自领域里的佼佼者：玩乐队的想齐名五月天，学医的盼成为豪斯医生，做编程的希望变成下一个比尔·盖茨……不管别人怎么误解偏见，我们都在坚持自己的梦想，等待咸鱼翻身。

虽然说现实很骨感，但"眼中体"中理想的画面，却给了我们一针有效的正强化，让我们无法回避地直视内心、重提梦想，对自己有了更加积极与明确的角色知觉（role perception）。角色知觉是指个体在特定的社会团体中对其应充当角色的知觉。也许在组织与社会的眼里，每个角色都有它的规范与限定，但我们在扮演属于自己的角色时，对于各自角色的期待却并没有标准答案。

借用成功学的一个经典故事：同样是建筑工人，有的人眼中只有墙，有的人眼中则是大楼，而有的人看到的则是整个城市。研究表明，积极且明确的角色知觉能够显著地影响员工的工作表现，不仅使员工在组织中拥有更高的效率，还能提升他们的工作满意度。所以，老板们也许一点也不在乎你在眼中体中如何吐槽他们，只要你在拥有远大抱负的同时能够明确自己应该干什么怎么干，他们一定会乐得合不拢嘴！

正如乔布斯、林书豪等说的，方向比努力更重要。也许现实中我们暂时还都像眼中体中的暴走漫画一样，面对电脑无所事事，但是只要我们对自己的角色有个明确而又积极向上的认知，灰尘或辉煌，或许只需要努力提供那一线曙光。

而这一份吐槽中的励志，或许也是眼中体能流行的最重要的一个原因吧。

"相面术"也有靠谱的时候?

婉君表妹

经验说：不要以貌取人，相面术是封建迷信。
实验说：普通人以貌取人的准确性在某些方面还是很高的。

每年一到过年期间,各种号称精通奇门遁甲紫微斗数、掌握命运天机、看透你过去未来的堪舆师、风水先生又开始活跃了起来。"相面术"作为一种主要的算命形式一直被风水师吹捧着、被民众迷信着,也一直被科学界抨击着。然而在科学界也存在一派研究"新相面术"的学者,他们试图探索人类面孔与人格特质之间存在的关系,并告诉我们,相面术并不是彻底的伪科学。

面相有多重要?

普林斯顿大学心理学系的查尔斯·巴柳(Charles Ballew)和亚历山大·拖多洛夫(Alexander Todorov)在 2007 年发表的研究表明,获得选举胜利者的面孔都被从直觉上认为显得比较有能力,而这种对面孔做直觉判断的结果很大程度上能预测真实的选举结果。研究者在 2006 年州长和参议院选举中做过验证,分别有 68.6% 和 72.4% 的预测成功率。也就是说,如果你的脸看上去显得比较有能力,那么你就比较有可能会获得选举的胜利。甚至可以推断为,民众选举其实就是在选看上去比较有能力的人。

为什么人们总会依赖面相来判断一个人的特质甚至能力? 一方面是面孔承载了太多的信息,它承载着一个人的"过去"(遗传基因表现、岁月历练痕迹等)和"现在"(情绪状态),使得高级灵长类动物的大脑需要特别分化出一个脑区,专门加工面孔信息。人们总是希望在交往中以最短的时间和最少的资源消耗来获取最多的信息,因此面孔是一个窗口。

另一方面,演化学流派的动物信号理论认为,在生物演化历程中,面孔形态、信号发送者的行为和接收者理解信号的认知过程之间有紧密联系。这与行为主义的经典条件作用有点类似,特定的面孔形态或特征总是与特定的行为相联系,而行为又是人格特质的外显具体表现,因此人们会习惯性地依赖面孔来判断个体的性格特质。

每个人都有相面的能力

人们投选出来的是看上去比较有能力的人,但是这个人真的有能力吗? 我们通过直觉对面孔推断出的特质,具有实际的准确性吗? 心理学家的研究发现,在一定程度上,答案是肯定的。

英国利物浦大学的安东尼·利特(Anthony Little)和圣安德鲁斯

大学心理学系的戴维·皮雷特(David Perrett)发现,当给人们呈现某种人格特质(尽责性、外向性等)的高分者和低分者的人工合成面孔,人们能在一定程度上快速、准确地分辨出来哪些是高分者、哪些是低分者,特别是尽责性和外向性这两个人格特质。

英国威尔士班戈大学心理学系克莱默(Robin Kramer)等人的研究甚至发现,对于黑猩猩的真实中性静态面孔,人类也可以准确地推断出它们的外倾性人格特质。其他一些社会相关的特质,如社会性行为倾向(专情还是花心)、可信赖性(真诚还是狡诈)和攻击性,都可以在一定程度上通过观察面孔而分辨出来。无论实验材料是采用合成面孔还是真实面孔,这些结果和我们某些日常生活经验是一致的。

"相由心生" vs "人不可貌相"

既然"相面术"具有一定的准确性,为什么又同时存在"相由心生"和"人不可貌相"这两种矛盾的说法呢?

我们都知道,面部肌肉的运动往往宏观体现为各种表情状态。美国纽约大学心理学教授里奥波特·伯拉克(Leopold Bellak)认为,面孔之所以能反映一个人的真实性格,是因为一个人最基本的内心情感或习惯性态度,往往能够"凝固"面部的肌肉。也就是说,拥有某种性格的人会经常性地在脸上呈现出对应的某种状态,比如乐观的人经常带有微笑、悲观的人经常耷拉着脸,久而久之,面部轮廓、肌肉纹路走向会随之改变,变成经常出现的那种状态,即便是在中性的表情状态下。

◤ 心事鉴定组再说两句

此"相面"非彼"相面"，没有任何科学表明脸上的痣、眉间距、唇厚和财运、爱情有任何相关性。

《呐喊》拍出天价，多亏那张惊悚的脸？

amygdala

经验说：好看的脸才值钱。

实验说：让你的杏仁核有反应，这样的脸有其独特价值。

北京时间 2012 年 5 月 3 日，纽约苏富比印象派及现代艺术专场拍卖会上，挪威印象派画家爱德华·蒙克（Edvard Munch）的代表作之一《呐喊》（1895 年第 3 版）最终以 1.07 亿美元（追加佣金则为 1.199 亿美元）落槌，一举超越毕加索的《裸体、绿叶和半身像》（2010 年 5 月 5 日，1.06 亿美元），创造了拍卖的最高价格纪录。

买不起的人们在望此物兴叹之余，难免恨恨自问：为何一张头像能值 1 亿多美元，凭什么？咱不妨从心理学的视角讨论一下这张看似"奇丑无比"的脸的价值。

人脸何以令我们情有独钟？

不得不承认，自然给了我们猥琐的双眸，我们用它来寻找优质的配偶。光泽白皙的皮肤、端正的五官均会对一般人产生吸引力，因为这些外显的体征表达了适应性更强的基因,交配后可以保障后代子孙在漫漫历史长河中的存活率。如此看来,《呐喊》中的这张脸则是演化过程中彻头彻尾的失败者。

显然,人脸并非仅作为辨别高帅富的外显指标而存在,面部表情系统还有另一项重要功能——传递喜怒哀乐与七情六欲。人处于社会群体中,能够准确地表达情绪并且快速地觉察他人的情绪,对于人际交流是尤为关键的。因此,面对《呐喊》这幅画作,你在人群中多看的那一眼一定在脸上,接下来神奇的事情就发生了……

研究发现,人会不自主地模仿所见到的表情(和谐社会怎能缺少模仿?详见本书第一章《模仿,令我们更亲近》一文)。一项研究利用肌电图仪记录人们在观看不同表情人脸图片时的面部肌肉反应,结果发现即使出现时间极短的人脸表情图片都会引发相应肌肉的反射活动,例如生气表情对应皱眉肌收缩、开心引发颧大肌伸展收缩,说明模仿行为在观察者接收到图片刺激的一瞬间便已发生。

另外一项具身化情绪的研究表明,对面部表情的模仿能够引发相应的情绪体验。如下图所示,右上的情形由于粘贴物对眉头肌群持续收缩,使被试产生更消极的情绪体验(相比左上),当然这一过程少不了以大脑杏仁核为首的边缘系统对情绪变化的推波助澜;同理,图中下面一行的效果,你是否一眼便能看穿了?

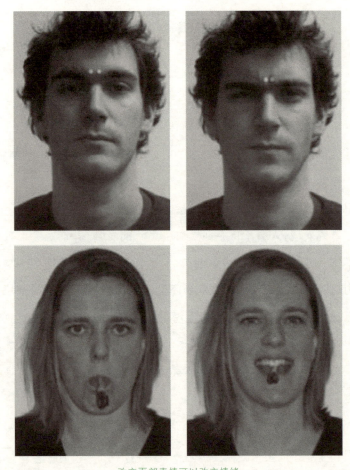

改变面部表情可以改变情绪

同样，微笑的表情让人产生了愉悦的情绪。

换句话说，人脸情绪表情由于模仿和具身认知的作用，迅速且无意识地引发观者的情感共鸣，情绪的强烈传染性便由此而来。《呐喊》无疑从更文艺的角度完美诠释了这一点，当观者无意识模仿此表情时,扭曲的面部线条和混沌的肤色瞬间激活了消极情绪的中枢——杏仁核,这使我们体验到鲜明的消极情绪,唤起自己对痛苦和创伤事件的回忆,设身处地地重现焦虑与恐惧的感受,于是这幅画是否使你再次思索茫茫人生:

我是谁?

我来自哪里?

我将去向何处?

此时,杏仁核做无奈摊手状:"我也不想这样,起起伏伏,反正最后每个人都孤独……"

从小众艺术到大众符号,它呐喊出了什么?

由于交流和择偶的需要,我们生而对人脸具有高度的敏感性,注意力很容易被人脸吸引,甚至经常无中生有。《呐喊》则触碰到了这种天性,它原本只是蒙克散步后的情绪宣泄,这种情绪却因为触碰了越来越多的神经而扩散为一种文化符号。

《呐喊》被媒体评论为代表了现代人的广泛焦虑,在诸多文学和影视作品中均得到再现(例如英剧《神秘博士》中的外星人反派)。此外,在海报和照片处理时,为了映衬歇斯底里的呐喊,通常会采用液化滤镜的后期手段制造扭曲的线条。

作家玛莎·特德斯基(Martha Tedeschi)曾评论道:"惠斯勒的《母亲》、伍德的《美国式哥特》、达·芬奇的《蒙娜丽莎》以及蒙克的《呐喊》达到了其他优秀作品所不及的高度,在于能够在弹指一挥间传递给每位观者其表现意义,使上至徜徉博物馆之间的社会精英、下至街头巷尾的平民百姓都能感同身受。"

这样看来,拍卖的价格得有多少算在心理学头上呢?

金发女郎会让人变笨吗？

沐沐知雪

> **经验说：**人对金发女郎的刻板印象是比较笨，同时看的人自己也会变笨。
>
> **实验说：**独立型人格和依赖型人格的人对金发女郎的免疫力也不同。

想想玛丽莲·梦露、麦当娜、珍妮弗·安妮斯顿或者《屌丝女士》中的玛蒂娜，还有各种奥斯卡金发女星们，你会用什么形容词来形容她们呢？漂亮、性感，对吧？那是肯定的。

巴黎第十大学的心理学家克莱门蒂娜·布莱（Clémentine Bry）、艾丽斯·福朗方（Alice Follenfant）和蒂埃里·梅耶（Thierry Meyer）等人研究发现，人们对金发女郎的刻板印象，也就是普遍的看法是——愚蠢的、能力较差的、漂亮的、温柔的。这种刻板印象甚至会影响自己，让自己智商变低。

为什么金发女郎会让人智商变低？

这是因为"启动效应"在起作用，"启动效应"指的是先前呈现的刺激对后来执行的相同或类似任务有所影响,使得大脑对同一刺激的提取和加工变得容易的心理现象。被启动之后,对相关信息的反应速度会更快,正确率会更高。比如说,启动了一个"教授"的刻板印象,就可能使知识测验的成绩更好;启动了一个"老人"的刻板印象,就可能会让你走路速度变慢。这种现象也称为"行为同化"。

照此逻辑,因为金发女郎给人的刻板印象是愚蠢的、笨笨的,所以当我们看了很多漂亮的金发女郎之后,就产生了启动效应,把自己和金发女郎联系起来,这个笨笨的形象就会使你也跟着变笨了。所以,当你看完一场金发女郎的选美比赛后,想着"我跟她们一样漂亮就好了"或者想着"如果这是我女朋友该多好啊",这时再做一张数学考卷,说不定会发觉自己原来会的题目也做不来了。

不同的人格对金发女郎的免疫力也不同

布莱等人用启动效应做了一个实验来研究金发女郎到底会不会让人变笨。研究者们还考虑到自我构念也会对启动效应产生影响,所以在实验中区分了不同的自我构念。"自我构念"是从自我与他人关系的角度来理解自我的认知结构,也就是我觉得我眼中的我是个怎么样的人,我觉得别人眼中的我是个怎么样的人。

研究者用到两种人格的自我构念,一种是独立型,一种是依赖型。实验一开始,实验者把参与者随机分成两组,分别用两套不同的人格问卷来引导他们的回答,比如独立组看到的题目是"有时候我觉得我是个与众不同的人",依赖组看到的是"有时候我和其他人做同样的事",然后参与者从 1～7 打分(1 表示非常不符合,7 表示非常符合)。其实这些问题都是废话,只是为了引导参与者形成其中一种自我构念。也就是说,如果我看到独立组的那些问题,就会被启动"我是个独立的人"这一自我构念。

然后,研究者让前面两组人都一分为二,一半为金发组,另一半为非金发组,于是就形成了四组:依赖—金发组、依赖—非金发组、独立—金发组和独立—非金发组。两个金发组的参与者看 21 张金发选美冠军的照片和 9 张深色头发选美冠军的照片,两个非金发组的参与者不看照片。看完照片后,研究者让参与者做一个知识测验,其中包括 10 道 3 选 1 的单选题,其中 5 道比较难、5 道比较简单。

结果,依赖—金发组的参与者成绩明显比其他 3 组差,独立—金发组的成绩却比独立—非金发组的成绩好很多。也就是说,金发女郎真能使一部分人的智商变低,同时却会让另一些人智商变高。独立—金发组的成绩更好,其实是一种"行为对照效应"。也就是说,看到金发女郎的时候他们并没有把金发女郎和自己联系起来,恰恰相反的是,他们会想"金发女郎怎么这么笨,我比她们聪明多了"。

变笨与否取决于你看金发女郎的方式

研究者构造了这两种人格来做实验,也就说明生活中这两类人看完美女后的智商也会不同。依赖型的人格喜欢与别人相联系,所以依赖型的人看到金发女郎会联想到自己,看到金发美女后就会智商变低。独立型的人格比较自我,不会把启动信息和自身联系在一起,他们看到美女智商不但不会降低,还会变高一些。

因此,人们认为看到金发女郎之后会变笨不是因为看呆了,而是因为把她们与自己联系在一起。所以看美女的方式很重要,我们可以一边感叹金发女郎真漂亮,一边很自信地说她们没我们聪明。

恐怖谷：娃娃为什么很可怕？

VeraTulips

> **经验说：像又不是特别像人类的仿真机器人比较让人讨厌。**
> **实验说：人类在观看仿真机器人的活动影像时，认知失调的**
> **程度比较高。**

科幻电影中不乏各种机器人和模拟的人类角色，有些我们喜闻乐见，比如《星球大战》系列里的 3PO；而另一些则使我们在惊叹仿真技术高超的同时，产生一种无以名状的不安，比如《阿凡达》就给我这样一种感觉。

为什么在仿真技术可以将每一个细微的表情模拟到出神入化境界的同时，却不能解除我们见到这些仿真人物时的不安感呢？难道这其中也有我们人类的古怪心理在"作祟"？

嗯，你猜对了。

如果你也有同感，那么欢迎来到恐怖谷。

恐怖谷(Uncanny Valley)最早是在机器人、3D 电脑动画和计算机图形学(Computer Graphics，简称 CG)领域存在着的一个假设。这个假设是由日本现代仿真机器人教父级人物森政弘（Masahiro Mori）于 1970 年提出：当仿真机器人的外表和动作像真实人类，但又不是完美拟合时，作为观察者的人类会产生厌恶反应。

我们对于机器人的情感反应是随机器人和人类相似程度的增加而增加的，然而当相似度达到一定比例，人的情感会突然逆转，产生厌恶感，只有随着相似度的继续增加，情感反应才会再次爬升起来（如下图）。

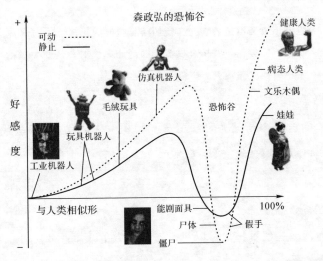

当相似度达到一定程度，我们会突然对其产生厌恶感

看来我们看电影时产生的那种诡异的厌恶感，还真是普遍存在的心理现象。那么我们为什么会产生这种感觉呢？对我们人类有什么好处吗？

跌入恐怖谷是为哪般？

解释恐怖谷现象成因的角度各异，但大致都可以划归入两个阵营。第一个阵营认为恐怖谷效应是我们长期演化的产物，是对于从视觉上感知到的不正常个体的本能回避反应，以此来保护自己。具体来说，当我们看到仿真机器人的外观和动作既不像人类也不像典型的机器人时，就会觉得不正常，从而本能地产生了厌恶和恐惧的情绪——回避反应的典型情绪反应。

另一个阵营则认为恐怖谷源于我们基本的认知加工过程，是预期和现实之间不匹配所造成的一种认知和情绪的综合反应，类似于认知失调（同一时间持有两种矛盾的观点，从而引起不舒服的感觉）。即当我们预期仿真机器人应该像机器人一样，但实际上却像人类一样做着各种表情时，我们就矛盾了、混乱了，认知上不能马上解决这种矛盾，进而催生了不安，甚至是恐怖等负性情绪。近些年，两个阵营中都有一些实证研究提供了支持。

恐怖谷或为演化产物？

2009 年，普林斯顿大学的阿西夫·葛赞法（Asif Ghazanfar）实验室用长尾猕猴（long-tailed macaques）进行了一个实验，试图揭示恐怖谷是否是人类所独有的，从而探讨其是否为演化的产物。实验给猴子呈现了不仿真、仿真和真实的三种不同仿真程度的猴脸影像，记录猴子观看这些影像的次数和时间。结果发现，猴子们对于中间的仿真猴脸的注视次数和注视时间最短,出现了恐怖谷现象。因此证明了恐怖谷不是人类所独有的,很可能是演化的产物(如下图)。

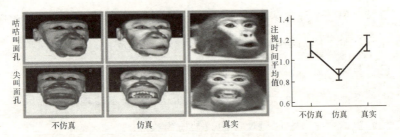

左图为三种不同仿真程度的猴脸影像示例,右图为猴子对三种不同的影像的注视时间的总平均值结果

但是这种演化机制是先天印刻在我们基因之中,还是伴随着后天环境因素发展出来的呢?

葛赞法教授和实验室的研究人员又在人类婴儿身上进行了这个实验,他们把人类面孔、恐怖面孔、极逼真面孔三种类型的影像给 6、8、10、12 个月大的婴儿观看。结果发现,随着年龄的增长,婴儿对于恐怖面孔的注视时间呈线性趋势减少,而对于人类面孔的注视时间则线性增加,两者呈现相反的趋势(如下图)。因此研究人员认为,人类恐怖谷现象很可能是伴随着婴儿对于人类面孔识别能力的发展而发展出的,而不是像动物本能的回避反应那样是完全先天的。

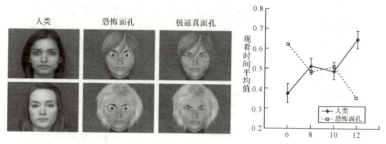

左图为三种类型的面孔刺激示例,右图为 4 个年龄的婴儿对于人类和恐
怖面孔的观看时间的平均值

脑成像或揭开冰山一角?

2011 年,加州大学圣地亚哥分校的认知科学家艾谢·瑟金
(Ayse Saygin)和同事们从认知神经科学的角度研究了在观看机器
人、仿真机器人和人类运动时,大脑皮层中到底发生了什么不同的
活动。结果发现,运动感知系统(Action Perception System,APS,自身实
施动作和观看他人动作时均会有所反应)的确会随刺激类型的不
同而有不同的激活。

相较于机器人和人类,在观看仿真机器人的活动影像时,大脑
与运动感知系统相关的区域活动更加活跃(如下页图)。这一结果
恰恰可以运用认知失调的逻辑来解释,即当看机器人和人类活动
时,他们就如我们预期的一样,而仿真机器人却不同,他们外观酷
似人类,而动作却和机器人相同,这在我们头脑中造成了与预期不
符的矛盾,从而要调动更多的大脑区域来调整这些矛盾。

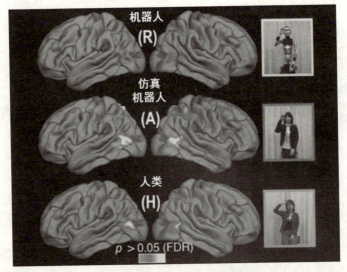

三种类型的刺激激活的大脑皮层相关区域结果图

面孔识别：凤姐倒过来可能更美？

VeraTulips

> 经验说：倒立的面孔看起来更难分辨细节。
>
> 实验说：大脑加工面孔时首先是快速地整体加工。

在分析凤姐之前，我们先来看另一个人。

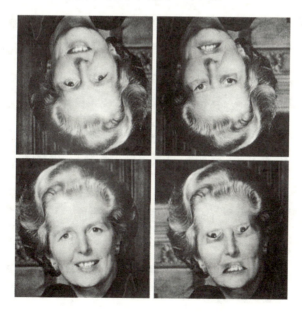

这是谁？

你一定不陌生。这是撒切尔夫人。

上面的两张照片哪个更高兴呢？

要想知道真相，还得把上面的脸正过来，也就是下面的两张。很难相信右下角那张恐怖的脸是上面的倒像，不信就把书转过来看看！

但是为什么这么丑陋的脸倒过来却很正常呢？这个就涉及我们加工面孔时独特的加工机制：整体性加工。

看脸还得看整体

如果不是脸上的鼻子、嘴放反了，而是衣服上的图案画反了，我们通常很容易就能发现。面孔加工之所以不同是因为我们看脸的时候采用的是抓大放小的整体性加工策略，比如眼睛和鼻子的位置关系，而不是单眼皮或者双眼皮。整体性加工的效果就是出现我们熟知的"1＋1＞2"的效果，即整体不等于并且通常大于部分之和，而且这些整体的信息有助于部分信息的加工和再认。所以有些人单独看鼻子、眼睛都挺好看的，凑到一起却很难谈得上"美"。

整体性加工节省了我们的认知资源，免除了对于烦琐细节的记忆，加快了加工速度，在演化中有着重要的意义。当人类开始群集生活后，认识你熟悉的人、记住新来的人和在陌生的人群中认出你认识的人变得尤其重要。面孔是我们进行社会交往的重要"凭证"，因此，对于面孔的加工就因为演化的需要而发展出独立的特异性的功能了。在脑成像的研究中，研究者也发现了梭状回（fusiform gyrus）这一专门负责加工面孔的区域，称为梭状回面孔区（fusifrom face area，FFA）。

很多读者读到这里可能还是将信将疑，或者无法体会到底整体性加工是一种什么样的加工。下面我们就来看几个例子，给你切身的感受。

倒过来的世界更和谐

首先，我们看看开头的"撒切尔效应"，这个效应是"面孔倒置效应"的有趣应用。1969 年，罗伯特·殷（Robert Yin）在实验中首次发现"倒置效应"，即把所有类型的客体旋转 180 度呈倒置后，人们对这种图像的加工能力比它们正立的时候均有所下降，而面孔加工受到倒置效应的影响程度比其他类型的图像更加严重，因此称为"面孔倒置效应"。后来许多研究也都发现，人们对倒置刺激比正立刺激的反应更慢，正确率也更低。在"撒切尔效应"里，当面孔倒置后，我们还能认出是撒切尔夫人的脸，但是却发现不了眼睛和嘴都是正立的，这就说明大脑加工面孔时首先是快速的整体加工。

再来看这样一个例子。下面这两排脸，第一排是只变化了眼睛和鼻子之间的相对位置关系，整体关系变了，细节不变；第二排是单独变化了眼睛和鼻子这些细节。正立的时候，我们可以辨认出是不同的人的脸，两排的难度基本是一样的。

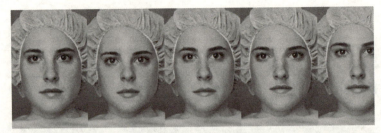

那么我们把它们倒置过来会怎么样呢？

仔细看看，是不是觉得第一排的面孔之间的区别没有第二排那么大呢？这说明我们不善于对倒置的面孔进行整体加工。我们只对正立的面孔有整体性加工，这当然是因为生活中倒置面孔是很少出现的情况，所以在演化过程中，能识别出倒置的面孔没有特别的优势。

现在你明白凤姐倒过来为什么更美了吧。如果你还没看过倒过来的凤姐，欢迎去网上找一张照片来试试。

看整体还是看局部？

整体不但大于部分之和，还影响着我们对局部的认知。

在加拿大维多利亚大学心理系教授吉姆·塔纳卡（Jim Tanaka）等人 1993 年的实验中，当要再认的面孔特征（如小明的鼻子）呈现在整个面孔中时（如小明的鼻子呈现在小明，哪怕是小强的脸上）比单独呈现时更容易辨认，正确率高约 10%。但如果不是面部特征，而是打乱的房间，就不会出现这种效果。这就是人类在面孔识别时特有的局部—整体效应（part-whole effect）。

整体虽然有助于辨识局部，但有时也会误导我们。请看下面这张图，你看出图左侧的这个人是谁了吗？美国影星乔治·克鲁尼（George Clooney）？似乎又不是。

这是谁？乔治·克鲁尼？不太像？

其实上半部分脸确实是乔治·克鲁尼，下半部分脸是另一个人的，但是一旦把他们拼接起来你就很难识别出上半部分面孔的身份。这个就是约克大学心理系教授安迪·扬（Andy Young）等人发现的面孔的合成效应，即当上下对齐接合时，受下半部分面孔的影响，人们很难识别出上半部分面孔的身份；而当上下错开接合时，下半部分面孔对于上半部分面孔的影响作用则很弱。这说明我们对面孔是整体性加工的，当面孔是以一个整体出现的时候，我们也有被整体所"误导"了的危险。

在现实生活中，影响我们对面孔的识别的不仅仅是整体性加工这一个因素，其他因素的影响更多也更加复杂。以上介绍的都是严谨的主流学术界对于面孔识别过程的经典结果，现在仍有广泛的研究者在努力对面孔中的各种因素进行研究。

有情人，一切尽在眼神中

0.618

经验说：眼睛不会骗人，直视你的人容易亲近。

实验说：眼神可以激活预测奖励和惩罚的脑区。

"只因为在人群中多看了你一眼……"从第一眼看到你，到形成对你的第一印象，我用了 100 毫秒。为了达到这个速度，能在寻找优质交配对象的竞赛中更快、更准、更狠，我花了 150 万年让大脑养成了快速锁定高帅富、白富美的技能，眼线、耳环、假指甲还没来得及出马的时候，一个眼神已经锁定了大局。

人具有解读眼神的天赋，从婴儿时期就显露出来。出生 2～5 天的婴儿就可以判断眼神是否注视着自己，4 个月大的婴儿已经可以区分直视和游移的眼神，9～18 个月他们就能看出眼神透露出的深层含义。随着年龄的增长，我们越来越在乎别人的眼神，对于直视我们的面孔总是更加印象深刻，而闭着眼睛或看着别处的脸则更容易被我们忘记。这个现象随着年龄的增长而愈发明显。

眼神泄露了心灵的焦点。中世纪前，人们认为是眼睛发出的光使我们看见了物体。现在的认知科学家也用眼动仪测量注意力的改变，因为眼睛是不会骗人的。注意力到哪里，眼神就跟到哪里。

微笑的眼神，最具吸引力

英国阿伯丁大学玛利亚·梅森(Malia Mason)等人制作了一系列动态图，一种是眼神先直视再移开，另一种是先看别处再直视，而表情不发生任何变化。参与者并不知道实验的真实目的，只是给每个面孔打分，并且单纯以为这是一个测量男女审美差异的实验。结果出来了，同样的面孔眼神从看别处到直视时会显得更有魅力。可能是因为这让实验参与者感到自己成了面孔注意的焦点，而不是被对方忽略。

眼神不同于其他面部表情和肢体语言，仅仅是一个直视的眼神就可以激活一个脑区：大脑腹侧纹状体(ventral striatum)，这是一个预测奖励和惩罚的脑区。随着眼神的移走，腹侧纹状体的活跃消失。对于这些脸本身，这一脑区则没有显示出任何变化。腹侧纹状体的多巴胺能神经元在预感到将要获得奖励的时候会活跃，奖励没有实现，活跃就会消失。

直视的眼神唤起了我们对面容的注意，这并不意味着你直勾勾地盯着他就能让他"上钩"。阿伯丁大学的本尼迪克特·琼斯(Benedict Jones)等人发现，直视的面孔只有伴随着微笑才会提升吸引力，而即使是美丽的面孔，直视时不伴随着微笑，吸引力也不会增加。这个现象在同性身上比较不明显，这应该与可获得性有关。心理学家詹姆斯·香蒂（James Shanteau）就曾经提出一个吸引力公式——

值得拥有程度＝外表吸引力×被接受的可能性

美丽的面容只能远观，当他面带微笑地直视自己的时候，才仿佛在说："来吧，你值得拥有。"

直视的力量

眼神是一种天然的语言。一个眼神就可以传递信息，引导互动，控制行为。如果你走在马路上掉了东西，甚至不需要口头求助，被你近距离凝视的人通常会很自觉地伸出援手。而谈话时注视着对方说话，会得到更高的评价。

直视的目光更被信赖。在法庭上，能够直视陪审团的证人提供的证词更容易被认为是真话。在过海关、安检时，逃避目光接触的人最容易被怀疑。

直视的目光显示出更强的竞争力。面试中 80％ 的时间直视面试官的人比 15％ 的给面试官留下更好的印象。简历中提供直视前方的照片，也会让人感到更渴望这份工作，应该得到更多报酬。在一个酷似"中国好声音"的研究中，几个演员扮演的领队分别来说服参与者加入自己的队伍，排除其他因素后，参与者更愿意选择直视他们的领队。

喜欢一个人时，男人会变得话多，凝视少；女人会话少，凝视多。虽然克里斯·克莱恩科(Chris Kleinke)这个研究并没有得到广泛承认,但可以相信的是,相互凝视越多,越能增强彼此的好感。

有时候不知道怎么开口,有时候张口就错,有时候没有共同语言,有时候一说话就吵架……言语的沟通总是伴随着信息的扭曲,一个眼神胜过千言万语。

拍照秘籍：左脸更好看

ilotus517

> 经验说：左脸看起来就是比右脸上镜一些。
>
> 实验说：右半球控制的左侧脸有着更强烈的情绪。

怎样才会更上相？

这个问题对于爱美的人来说恐怕不亚于穿衣打扮。45 度角仰望天空制造文艺效果，剪刀手挡住脸制造小脸效果……如果你觉得这些太俗套，不够高端大气，也不"科学"，那么现在就给你介绍一款简单实用、科学大气的上相秘籍——左脸原则[①]。

艺术家爱左脸

什么是"左脸原则"？就是原则上要尽量多暴露自己的左脸。蒙娜丽莎给我们展示了一个标准的左脸原则范本。

[①] 这是心事鉴定组编辑自造的词汇。

　　心理学家早就观察到,并不只有蒙娜丽莎一个人喜欢将左侧脸呈现给我们,西欧的大部分肖像画都会这样。剑桥大学的心理学家伊恩·麦克马纳斯(Ian Mcmanus)和尼古拉斯·汉弗莱(Nicholas Humphrey)于 1973 年在《自然》上发表了一篇文章,检验了 1474 幅 14 世纪到 20 世纪的西欧肖像画(单人),发现 891 幅人像(约占 60%)都展现其左侧脸,而只有 583 幅人像(约占 40%)展现的是其右侧脸。也就是说,艺术家们倾向于将肖像画的左侧脸呈现给我们看。更有趣的是,他们还发现女性比男性更多地展现其左侧脸。在左侧脸的肖像画中,68% 的女性肖像呈现的是左侧脸,而只有 56% 的男性肖像呈现其左侧脸。

艺术家为什么爱左脸?

左脸到底有什么特别,会被艺术家如此钟爱? 目前有三种猜想:

第一种猜想将原因归结到画家身上,认为右利手画家更容易画左侧脸。

右利手画家都是右手拿画笔,这样容易将肖像画的左侧脸画出来。但澳大利亚墨尔本大学的心理学家迈克·尼科尔斯(Mike Nicholls)等人在 1999 年发现,以拉斐尔为代表的左撇子画家也喜欢画左侧脸。另一方面,有研究发现女性比男性更偏好展现左侧脸,然而女性中的左利手并不比男性更多。

第二种猜想将原因归结到观看者身上,认为观看者的知觉存在左侧视野偏好。

人们更喜欢看左侧视野的东西,所以画家投我们所好,将肖像的左侧脸展现在人们的左侧视野。可是,我们为什么会更喜欢看左侧视野的东西呢? 因为人的右半球大脑在对情绪信息的感知上具有优势,而根据左右交叉的原理,右半球大脑掌管着左侧视野,所以我们更容易感知左侧脸的情绪信息。可是这种解释同样也解释不了性别差异。

第三种猜想将原因归结到肖像画中的人,肖像画中的人偏好展现其左侧脸。

上面提到了右半球大脑掌控情绪的假设,分析的是观看者,这次是用这个假设来分析肖像画中的人。左侧脸的情绪信息更多，心理学家假定肖像画中的人自发地懂得这一点，因而偏好展现其左侧脸，这样可以更好地表现自己。这个理论可以解释为什么女性比男性更多地展现其左侧脸。社会文化要求男性更加理性隐忍，不能随便表现出自己的情绪，因而男性并不想在肖像画中展现自己左侧的情绪脸；而女性是情感动物，更倾向于表现自己的情绪，因而更多地在肖像画中展现左侧的情绪脸。

虽说第三种解释更完善，但并不意味着它就是正确的，还需要进一步的实证研究。要想弄清楚这个问题，就要先考察这个问题是否具有普遍性。

左脸真的更受欢迎？

不只是艺术肖像画存在着"左脸原则"现象，维克森林大学的心理学家凯尔希·布莱克本（Kelsey Blackburn）和詹姆斯·斯基里洛（James Schirillo）2012 年发表于《实验大脑研究》（Experiment Brain Research）中的一篇研究还发现，真实人像中也存在对左侧脸的偏好。这篇研究采用的实验材料是 10 男 10 女微笑的侧面头像照，每个人既有左侧脸的头像，也有右侧脸的头像。为了弄清楚到底是长相问题还是方向问题，研究人员还给出了对应的镜像反转头像。实验让 37 名大学生观看图片，每看完一张就对照片审美上的愉悦度从 1～9 打分，评分越高表示越偏好这张图片。此外还要记录大学生观看每张图片时瞳孔直径的大小，因为看到感兴趣的东西时瞳孔会放大。

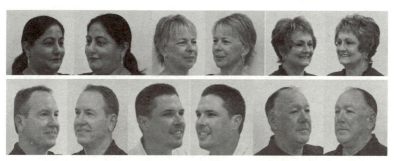

右侧脸照片(每张人像的第一个)和左侧脸照片(每张人像的第二个)例子

结果发现,不管是原始图片还是镜像反转的图片,不管头像是男的还是女的,大学生对左侧脸照片(镜像反转图片中的右脸)的愉悦度评分更高,瞳孔直径也更大。也就是说,即使原始的左侧脸(下图 2)在镜子中反转后位于右边(下图 4),被试也会更喜欢它。

1 原始 右侧脸	2 原始 左侧脸
3 镜像 反转 左侧脸	4 镜像 反转 右侧脸

图 1 与图 2 相比,被试认为图 2 更美
图 3 与图 4 相比,被试认为图 4 更美

为什么人们更喜欢左脸?

布莱克本和斯基里洛认为,这个研究结果支持了大脑右半球

情绪优势假说。因为右半球控制的左侧脸有着更强烈的情绪,不管左侧脸是向左还是向右,我们都可能认为它更美。因为当你喜欢一张冷酷的脸时,左侧的脸会比右侧的脸看起来更冷酷;当你喜欢一张充满笑容的脸时,左侧的脸也会比右侧的脸看起来笑容更多。看来另两种猜想都错了。

不管原因是什么,总之你现在知道了:再拍照片时把你们的左脸挺出来,像蒙娜丽莎一样面对镜头,你会更美。这个招儿,在他面前同样适用噢!

自古英雄多宽脸？

果 摩

> 经验说：那个人脸好宽，一定很凶。
> 实验说：面孔宽高比较大的男性可能攻击性较强，但同时也可能更有保护族群的英雄气概。

相面术自古流传，心理学家们虽然不懂相面术，但对面孔研究的热情却绝不输于相面先生，起码在面孔和脸型的问题上，他们确实知道一些东西。相面先生研究面孔，因为这是他们的维生手段，但心理学家研究面孔却是因为其对人的意义重大。

心理学相面相什么？

从心理学的角度来说，面孔是很突出的一种视觉刺激，关系到人类的基本生存。试想一下，一个婴儿如果连谁是他的抚养者都认不出来，将会多么无所适从。即使是成人，如果连朋友和敌人都分不出来，那将是多么痛苦的一件事情，特别是在这个充斥着无数面孔的社会。因此，每个人都会有以貌取人的习惯，而且确实每个人也多少懂点察言观色之术(详见本章的《"相面术"也有靠谱的时候?》一文)。

人们会把各种东西认作脸,因为对脸实在是太敏感了

　　面孔可能不会告诉我们一个人的命运,但是如果说一些面部线索——譬如脸形,会透露出个性特征,那倒是真的。

　　心理学家对人们面部宽度的研究证实了这一点。这里的面部宽度,准确来说应该是以面部高度(从上唇到眉中)为基准的面部宽度,也就是面孔宽高比——用面部宽度(左右颧骨点之间)除以面部高度(从上唇到眉中)得到的比值,这个比值决定了脸形是长还是扁、是宽还是窄。实际上,我们平时判断一个人的脸是宽是窄,也是以面部高度为准,因为不会真的拿把尺子去量一下他的脸部宽度,只能把同一个人的脸宽和脸高拿来对比。所以,扁脸看上去脸也显得宽,相反,长脸看上去脸就显得窄。也就是说,即使一个人的脸部真实宽度比另一个人要小,他还是有可能被认为是脸更宽的人,只要他的脸不够长。

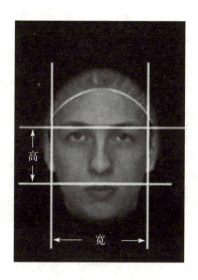

　　一般来说,宽高比超过 1.9 就属于高宽高比,高宽高比的人看上去面部很宽,比较典型的是美国前总统约翰·肯尼迪(面孔宽高比 2.15);而宽高比低于 1.7 则属于低宽高比,这类人脸显得较长,譬如说著名的剧作家威廉·莎士比亚(面孔宽高比 1.44)。那人们的面孔宽高比可以透露些什么信息呢?

脸蛋宽,更凶悍?

　　2008 年,心理学家贾斯汀·凯雷(Justin Carré)和奇瑞·麦考米克(Chery McCormick)在研究中指出,脸宽的男性有更强的攻击性。他们发现,在曲棍球比赛中,脸部较宽的选手每场比赛都会有更多的违规行为,譬如肘击犯规、推挡犯规和打架行为,被罚下的时间也显著长于其他选手。而这个结果无论在大学比赛还是职业比赛中都得到了验证。

肯尼迪属于典型的宽脸,而莎士比亚则是长脸

为什么面部比较宽的人攻击性也比较强呢?这可能跟男性的内分泌有关,面部宽高比是一个与睾酮激素有关的体态特征。一般来说,睾酮水平越高的男性,脸长得越宽,而高睾酮水平的男性也会有更强的攻击倾向。这好比男性比女性有更强的攻击性,因为女性体内几乎没有睾酮,而且女性体内的睾酮水平也不像男性那样足以对女性的性格造成影响,因此上述的结论也只适用于男性。

在后来的研究中,凯雷和麦考米克还有凯瑟琳·芒多奇(Catherine J. Mondloch)发现了更进一步的结论——可以从面孔宽高比中准确判断男性的攻击性。他们让被试从一堆照片中判断照片中男性的攻击性,结果表明,人的推断与实际情况的相符度很高——即使只看了一眼,而且被试们的推断跟照片中男性的面孔宽高比有高相关性。可以推测，在演化的过程中，人类已经内置了利用面孔宽高比来判断一个人攻击性的能力。

还有另外一些研究也说明，面孔宽高比跟男性的其他社会行为有密切关系。迈克尔·史提拉特（Michael Stirrat）和戴维·派利特的研究表明，脸宽的男性会更多地利用别人的信任；而哈泽尔胡恩（M. P. Haselhuhn）和王（E. M. Wong）的研究也发现，脸宽的男性会更多地欺骗别人。

看到这里，估计部分男生已经拿起过镜子，不过如果感觉自己"中枪倒地"的话，那倒大可不必。

脸蛋宽，英雄汉

在《心理科学》（*Psychological Science*）中，史提拉特和派利特发表了他们最新的研究成果，认为脸宽的男性虽然在平时很有侵略性，但在面对外部共敌的团队合作任务中，却表现得更有英雄气概和拥有自我奉献精神。他们设计了一个团队之间竞争性的金钱实验，发现在这种情境下，脸宽的男性更愿意冒着自己吃亏的风险来给团队争取更大的利益。

实验证明，支配欲强的男性也有跟别人团结合作的可爱的一面。虽然宽脸男有时可能横行霸道，但是在面临共同外敌的关键时刻，他更可能从众人当中挺身而出，大喊一句："禽兽，放开那个女生！"所以，"中枪"的人你可以挺起胸膛了。

研究者认为，男性的这种对内团结、对外抗争可能是由演化而来的,能为我们的男性祖先增加繁殖机会。如果有人随便就引起人民内部矛盾,他可能早就被族人一脚踢出了部落,更别提传承基因的神圣任务了。而又因为这个原因,男性祖先们的"英雄气概"在内部无处发泄,只能转变为对外抗争时的英勇奋战了。

慎判断,勿滥判

虽然面孔宽高比与人的一些特质有很高的相关度,但是,从单一的线索就去判断一个人是好是坏其实很不全面也很不科学。毕竟影响一个人脸形的因素有很多,而且面孔与行为之间微妙的关系也涉及太多复杂的生物学和心理学原因,对号入座的行为只会产生不必要的误解和矛盾。

只是,以防万一,碰上一个宽脸的男生,还是先跟他好好相处吧。

真我的风采

不相信直觉就是不承认人性

康德的彼岸

> 经验说：直觉不怎么靠谱啊，靠直觉做决定总有些赌博的意味。
>
> 实验说：对于某些复杂问题，直觉思考的结果要好于理性思考。

直觉靠谱吗？在心理学当中，这个问题当然不会有一个"是"或"否"的答案。虽然在某些死理性派看来，某些直觉并不符合概率，但我认为这并不能让我们得到"直觉不可靠"的结论。也许再多的证据也说明不了"直觉靠谱"，但当前的心理学研究至少可以说明：直觉是系统的、有规律的体系；直觉在处理某些复杂问题上比理性更有效；较之道德推理，道德直觉是道德判断的真正原因。

直觉的定义

为了便于讨论，这里首先简单界定一下这篇文章中所理解的直觉。

据德国埃尔福德大学社会/组织和心理学系主任迪尔曼·贝齐(Tilmann Betsch)教授在《在判断和决定研究中直觉的天性和它所忽略之处》中提到的定义:"直觉是一种思考的过程,在这个过程中输入的信息大部分来自储存于长时记忆当中的知识。这些信息被自动加工,不需要意识的参与,而这个过程输出的信息则是一种感觉,人们基于这种感觉来做出判断或者决策。"

这里之所以把直觉看成一种无意识的思维过程,其实是为了缩小外延以方便讨论(比如这样就可以将情绪与直觉的关系存而不论)。至于一些人人认为的"第六感""超感官感知"这样的直觉是怎么回事,不在本文讨论范畴。

直觉是混乱的还是有系统的?

传统经济学都将人看作理性人,然而丹尼尔·卡尼曼(Daniel Kahneman)却通过对人类直觉规律的研究第一次以心理学家的身份获得了 2002 年的诺贝尔经济学奖。他发现人会按照相同的原理去犯相类似的错误,所以直觉并不是一个不可捉摸的随机系统,而是一个系统的、结构性的加工体系。下面通过一个经典实验来介绍卡尼曼的研究。

两组被试,一组回答"在一个 4 页的英文小说当中,你预计会找到多少个 7 个字母的以 ing 结尾的单词?"被试要从 0、1～2、3～4、5～7、8～10、11～15 和 16＋这些选项中做出选择。另一组的问题与第一组只有一个小区别,他们要预计"7 个字母并且倒数第二个字母是 n 的单词"的数量。

　　显然,第二组的条件包含了第一组的,所以如果人是"理性的",按照概率,第二组的平均数就应该大于第一组。但是结果却出乎人的意料,第一组预测的个数的中数是 13.4 个(中数代表有一半人的选项大于 13.4,一半人小于 13.4),而第二组预测的个数的中数比第一组少很多,只有 4.7 个。可见人在用直觉进行估计的时候,并不是严格按照逻辑进行推理的,而是因为以 ing 结尾的单词更容易被想起来。

　　卡尼曼的看法是:人在进行判断时采用了"可得性启发式策略",这指的是人们根据某种结构的可提取性(可理解为容易想起来的程度)来进行判断,而不是按照逻辑范畴的大小。除此之外,卡尼曼还提出了"代表性启发式策略"和"锚定效应"①。

　　启发策略实验从表面上来说似乎证实了直觉不可靠,但它其实恰恰说明了直觉的有效性。试想,如果大多数时候直觉都是错的,那么即便某一次直觉判断正确,又有谁还敢相信直觉呢? 于是,像卡尼曼那样探讨直觉运作的规律就显得格外有意义。

什么时候直觉更有效?

　　2006 年,阿姆斯特丹大学狄克思特修斯(Ap Dijksterhuis)等人在《科学》杂志上发表了一篇文章——《做出正确的选择:无注意思考

---

　　①　《我知道你不知道的自己在想什么》中有文章专门介绍了锚定效应。

效应》，系统总结了其在"无意识思维"方面的研究成果。其最为引人关注的一个结论就是：对于某些简单问题，理性思考会得到最好的结果；而对于某些复杂问题，直觉思考的结果要好于理性思考。

这个研究做了一系列根据介绍挑选车辆的实验。一组被试得到的是简单任务，4 辆候选车的文字介绍中只包含 4 个方面的特征，第一辆车 75% 的描述是积极的，另两辆 50% 的描述是积极的，最后一辆则只有 25% 是积极的。如此，哪一辆是好车显而易见。另一组被试要完成复杂任务，他们要了解 4 辆候选车的 12 个属性，每辆车的介绍材料中描述积极面的比例与简单任务组是相同的，所以从概率上来讲，哪辆是好车也是显而易见的。两个任务组中都有一些被试可以先思考 4 分钟，然后再做结论；另一些人要用 4 分钟完成另一个任务，这样他们就没有时间思考，要快速做出选择。结果发现，在简单任务中，更多有意识思维的被试做出了明智的选择；但是在复杂任务中情况却截然相反，恰恰是无意识思维组的被试的选择更好。

由此实验者得出，人们在认知无法完全掌握所有信息的情况下，无意识思维——在这里就是直觉的操作定义——更能够做出有效的选择。

道德直觉：理性只是个幌子？

越来越多的研究显示，直觉是有序的，而且在某些情况下是比理性更有效的，甚至可以从行为和神经两方面证明它是人类认知结构的核心组成部分。那么，直觉与理性到底是怎样一个关系呢？

畅销书《幸福假说：寻找古代智慧的现代真理》(*The Happiness Hypothesis：Finding Mordern Truth in Ancient Wisdom*) 的作者、弗吉尼亚大学乔纳森·海特(Jonathan Haidt)教授在道德领域给这个问题做了部分回答。他在2001年提出"道德判断社会直觉理论"，认为道德判断是由快速的道德直觉引起的，而且相应的道德推理只有在需要时才会以事后的形式产生。也就是说，我们自以为是出于推理得出的道德判断，其实只不过是先直觉出一个判断，自己再找个理由罢了。

海特通过一个非常有意思、但看上去也有很多疑点的一个实验，试图证明是先前的厌恶感所造成的道德直觉——而非道德推理——决定道德判断。在实验中，研究人员事先挑选出容易"受骗"的被试，对他们催眠，产生特定的厌恶感，从而制造了特定的"道德直觉"。

通过暗示，第一组对于单词"拿"(take)感到厌恶，而第二组则对单词"经常"(often)感到厌恶。为了检验催眠效果，实验者在确定被试没有发现自己对某些单词产生厌恶之后安排了一个送被试饼干作为午餐的环节。实验者在与被试交谈的过程中故意使用"拿"这个词，结果第一组被试吃的饼干比第二组少，这说明催眠真的有效。

在确定催眠有效之后，两组被试都要阅读一系列的道德故事，在这些道德故事中会根据条件出现"拿"或者"经常"来操纵被试的道德直觉。其中每一组被试先阅读三个包含有暗示词汇的故事，然后再读三个只包含另一组被试暗示词汇的故事，最后是一个中性故事(不包含道德问题)。

对于含有暗示词汇的故事，被试用更严格的道德标尺去要求它们。即便是对于道德中性事件，当包含暗示词汇的时候，也会让被试对事件中的主角产生负性的道德判断，并且在事后采访当中，被试也往往给不出充分的理由来支持自己的判断——反正就是讨厌他。这更说明催眠产生的厌恶感影响了道德直觉，并最终影响了道德判断。

道德直觉直接影响了道德判断，而道德推理(有意识的推理)并不是直接原因。你所以为的自己通过自由意志做出的判断，也许只是一种错觉。(详见第五章《有一种错觉叫自由意志》一文)

直觉：人性的一部分

直觉机制并不是突如其来的"灵感"，而是系统的，较之理性思考更擅长处理复杂问题。而且在某些情况下人们还会误将直觉决策当作理性决策，以为自己的判断很有道理，其实可能只是出于无意识的直觉。

这些研究都表明，直觉是人类认知的核心过程，直觉与理性同样都是人类决策的主要工具。按照演化论的观点，直觉和理性思考都是适应的产物，在社会生活中并不是凡事按照概率行事就是最优的，这也是直觉存在合理性和有效性的根源。与探讨到底是相信理性还是相信直觉相比,当前心理学的研究方向就显得格外有意义——寻找直觉和理性有效性的边界,让人性得到更充分的发挥,而不是为了理性而泯灭人性。

成熟的人类爱分享

0.618

经验说：有的人爱分享，有的人不爱分享。

实验说：人类更愿意分享合作成果，分享为合作化社会所特有。

人人都爱爱分享的人，但并不是人人都爱分享。其实，分享行为是非常稀有的美德。虽然按劳分配获取自己的劳动所得在人类社会是理所当然的普世公理，但放眼整个生物界，不得不说这是人类的伟大"发明"。有了分享的约定，从此人类才可以放心地分工合作，让一部分人外出打猎，另一部分人守护家园。

越长大越分享

黑猩猩就不乐于分享，不光在丛林中是这种表现，在实验室里也如此。有人把黑猩猩一对一地带到实验装置前，要求他们合作控制踏板，让食物从装置上滚下来到一个跷跷板上。当一只黑猩猩看到食物下来却要滚到另一只黑猩猩那边时，就会猛然按动踏板,把食物都据为己有。两只黑猩猩顷刻便从合作转变为竞争状态,最后不管是谁得到食物都不会分给对方。

更有趣的是,实验者在装置上增加了个小机关,再抢的话,食物就会从跷跷板上掉下去,谁也得不到,这时大多数黑猩猩都会不得不选择与合作者分享食物。

人类就没有这么自私,即使是3岁小孩也愿意主动把玩具分享给小伙伴,实验中75%的3岁儿童都愿意和自己的合作伙伴平分共同拉绳拿到的玩具。但这种分享意识并不是人们与生俱来的,2岁儿童就不那么愿意分享,只有25%将玩具分给了合作的小伙伴。

不过孩子们的分享也并非无条件,如果不需要合作拉绳就直接可以获得玩具,3岁儿童就没那么愿意把由于自己幸运(而不是合作)分到的玩具分享给别人了,只有不到一半儿童分享了自己的玩具,至于2岁儿童就更没有几个愿意分享了。

这个由德国和美国心理学家合作的研究发表在了2011年8月18日的《自然》杂志上,他们以精巧的设计再一次证明了心理学上的一个假设:分享几乎是人类特有的行为(其实之前发现僧帽猴等动物也存在一些分享行为),且人类更愿意分享合作成果。在一个平等互换的社会里,随着年龄的增长和社会化程度的增加,人们会越来越乐于平均分配劳动所得。

为什么要分享？

人类为什么会和别人分享，尤其是分享合作成果呢？

一个看法是，可能这出于根植于每个人内心的公平观念，有时人甚至会为了公平而放弃自己眼前的利益。德国行为经济学家韦尔纳·古斯（Werner Güth）曾做过一个经典实验，实验中每两名参与者分为一组，得到一笔钱。A 提出分钱策略，B 考虑是否接受。如果 B 接受了 A 的策略，那么他们就按照策略分成；如果 B 不接受，那么他们两人就什么也得不到。

如果追求利益最大化，那么 B 就应该接受 A 提出的任何分配策略，因为无论怎样都比空手而归要强。但实际上，如果 A 分给 B 的少于 25%，B 通常就不接受了。因为人们在做出决策时考虑的不仅仅是当下，而是长久的公平，虽然他们知道实验只有一次，但生活还将继续，所以这次哪怕牺牲自己也要维护公平和正义。

瑞士科学家、瑞士苏黎世大学的恩斯特·费尔（Ernst Fehr）和俄斯·费雪贝奇（Urs Fischbacher）在写给《自然》杂志的一篇文章《利他的本质》中指出，人类之所以会做出大量其他动物所不会的利他行为，主要是人类重视名誉并且懂得互惠。

只有人类有远见去分享

不论是出于伟大的博爱，还是自私的名誉和互惠，分享都极大地提高了人类的生产效率。社会分工越来越细化，人们越来越"专业"。除了蚂蚁、蜜蜂和裸鼹鼠等少数社会性动物,只有人类能够分工合作。哪怕我们的近亲黑猩猩,虽然可以集体行动,但也没有明确的分工。这些动物们集体合作的战利品并不像我们想象的那样进行平均分配,而是需要在内部再展开一场较量。除了自己的幼仔,他们不会把自己的食物分享给任何同类,更不要提那些丧失劳动能力的同类。哪怕是昔日风光的百兽之王,年老之后也摆脱不了被饿死的命运。

还好,人类懂得分享,懂得牺牲当下换取未来。

成熟的人类从来不是只顾活在当下的动物,从祖先们颤颤巍巍地抬起前肢试图看得更远的那一刻起,到现代人花费大量人力物力飞向外太空,今天的困难不算什么,对明天的向往就是前进的动力。我们愿意用一时的损失换来长久的幸福。当然为明天打算的前提是,估计自己能看到明天的太阳。

从《哈利·波特》中寻找归属感

绿布农

经验说：我再怎么看故事，我也无法变成故事里的主人公。

实验说：人们在看完一个故事后，在心理上会成为故事中的一部分。

你想过有一天突然收到从天而降的信函，从九又四分之三月台上车，进入霍格沃茨魔法学校，成为哈利·波特那样的巫师，骑着扫帚满天飞，挥舞魔杖变戏法吗？你想过在一个月圆之夜邂逅爱德华那般英俊的吸血鬼，破晓之前完成华丽变身，成为暮光之城中闪亮升起的吸血鬼新星，上演一幕纠结的爱恨情仇吗？

要实现这一切，你不需要背负身世之谜，或者脖子被吸血鬼咬个洞，你所要做的只是静心阅读。

"变身"秘籍——故事集体同化

美国纽约州立大学布法罗分校心理系的雪拉·加布里（Shira Gabriel）和纽约大学心理系的阿里安娜·扬（Ariana F. Young）研究发

现:通过阅读有关巫师或吸血鬼的书籍,你将在心理上成为巫师或吸血鬼。人们看完一个故事后,在心理上会成为故事中的一部分,这现象被命名为"故事集体同化"。

140 个本科生参与了这项研究,参与者先完成一份集体和关系自我建构量表(这个量表可以反映出测试者和集体的关系)。接着一部分参与者阅读了《暮光之城》中的章节,另一部分参与者阅读了《哈利·波特与魔法石》中的章节。参与者阅读完选定的章节后,要完成一项身份内隐联想测验(IAT)①来获得"故事集体同化"的内隐指标。

这项 IAT 测验需要参与者对四种词做出归类反应:我、非我、巫师、吸血鬼。参与者看到"我"类的词语(如我、自己等)和巫师类的词语(如咒语、魔杖等),都要按同一个按键;而看到"非我"类的词语(如他们、她们)和吸血鬼类的词语(如血、咬、不死等),要按另一个键。如果你把自己和巫师当作同类,那么在做这个测验时的反应速度就会比把"我"类词和吸血鬼类词放到一起时要快。

内隐联想测验在参与者不知道实验目的的情况下悄悄完成

---

① 内隐联想测验是格林沃尔德(A. C. Greenwald)在 1998 年提出的一种社会认知研究方法,形式为一组计算机化的分类任务,以反应时差异为指标来测量概念间内在的联系强度,从而间接反映个体的内隐心理倾向,其方法学基础来自心理学中的启动效应。启动效应指先前呈现的刺激对随后的刺激或与其相关的某种刺激进行加工时所产生的易化现象。在 IAT 测验中,被试被要求对目标概念与属性概念做出同一反应。那么,当这两个概念之间联系密切或者相容时,被试对于这两个概念做出同一反应的时间就较短;如果两个概念联系不紧密或者不相容,需要的时间就较长。

后,实验者又要求他们相继完成《暮光之城》或者《哈利·波特》集体同化问卷,以获得他们知情情况下"故事集体同化"的外显指标。不管是前面的内隐测验还是后面的外显测验,参与者都表现出了对刚才阅读内容的认同,把自己融入成为故事的一部分。

阅读《哈利·波特》的参与者,将自己与巫师联系起来;阅读《暮光之城》的参与者,将自己与吸血鬼联系起来。这种"故事集体认同"是很有意义的,它与人类的归属需要有关。如果你更愿意通过认同集体来满足社会归属的需要,那么你也会表现出较高的"故事集体认同"倾向,而这种倾向会增加人们的生活满意度和积极情绪。

阅读,扩展了我们对自己的认识

人类具有一种社会联结的需要,集体生活带来的生存价值也使我们的祖先形成了促使人们组成并加入集体内部的机制。而故事,提供我们与集体积极联结的经验,也就是营造出了集体身份来缓解人的孤独感,通过从属于一个象征性的团体使我们获得一种关系。而且它给我们融入一个幻想世界的机会,成为更大事物中的一部分,扩展了我们对自己的认识。

正如电影《影子大地》里一句台词所说:"我们阅读,是因为阅读让我们不再孤单。"

天花板有多高，心就有多高

落雁戏飞鸿

经验说：天花板高不高其实只是和有没有钱有关吧！

实验说：身处高天花板房间会注意从整体观察事物，并获得更多的自由感。

你喜欢仰望天花板吗？估计大多数人没这么古怪的偏好。不过，其实天花板在你的生活中扮演着你自己可能想不到的角色。

很早人们就发现，环境的改变可以引起我们心理状况的变化，从而对行为和决策产生影响。在现代文明中，房屋可以算是日常的一个基本的环境单位，不同的房屋也就预示着不同的社会角色（家、教室、办公室、购物中心……）。房子最重要的功能就是遮风避雨，所以房子不能没有天花板。正因为这样，心理学研究者非常关心天花板对人心理状态的影响。

已有的心理学研究已经证明，天花板的高度可以影响到人的心情（放松或者压抑），那么天花板的高度是否对我们的决策也有影响呢？明尼苏达大学卡尔森管理学院的琼·迈耶斯-利维（Joan

Meyers-Levy)教授等人 2007 年发表于《消费者研究》(*Journal of Consumer Research*)中的文章从信息加工的角度证明了这一点。

天花板高度决定自由或者压抑？

想象一下,如果家里没有天花板的话,也许我们就可以仰望星空了,是天花板完全限制住了房屋向上的外延,给予我们一种内心的束缚感。天花板越低,空间就显得越狭小,压抑感就越强烈,我们也就感到越不自由。

这些都是我们根据直觉得出的结论,研究者却用实验证明了这一点。

32 名大学生参与到这项研究中来,他们事先被告知要完成两个互不相干的任务。当然,心理学家又说谎了,这两个任务其实是有关联的。实验人员引导他们分别进入了不同的四个房间,其中两个房间的天花板经过装修只有 2.44 米(8 英尺)高,另外的两个房间则有 3.05 米(10 英尺)高,其余条件这些房间都一样。走进房间的参与者会被天花板上的可爱挂饰吸引,从而去关注天花板。实验人员这时告诉他们,需要先调试一下程序,请稍等,被试们自然可以借此机会好好地观察一下房间的环境。

接下来,他们需要对自己此时的状态进行评定,在研究者给出的状态描述中选择 1～7,1 代表不符合,7 代表符合,这些描述分别包含着"自由"和"压抑"的意思。

第二项任务是把一些打乱顺序的字母组合成单词。其中有 3

个答案和"自由"的概念相关：liberated（被释放的），unlimited（无限的），emancipated（自由的）；还有 3 个和"压抑"的概念相关：bound（被束缚的），restrained（受限制的），restricted（有限的）；另外还有一些中性的词语。研究者假设：如果环境线索让人产生了"自由"或者"压抑"感，看到有相应意义的词汇时反应就会更快。

实验结果正如预期，身处天花板较高房间的参与者，与较低的一组相比，对"自由"的概念反应更快，而较低房间的参与者，则对"压抑"反应更敏捷。

天花板高度影响看世界的方式

天花板会怎样影响我们的认知呢？研究者们进行了进一步的研究。

像之前一样，参与者被分派到了不同高度的房间，这些房间在其他方面并无不同。实验人员给他们呈现了一些商品的照片，这些照片有一个共同的特点，那就是有着流线型的外表，整体看起来很光滑，但在细节处却有着粗糙的瑕疵。参与者需要做的是对这些物品进行描述与评价。

结果正如研究者所预期的，那些在高天花板房间的参与者们，会从整体的角度对这些物品进行描述，从而认为它们是光滑的；而在低天花板房间的参与者，则将自己的注意力集中到了局部的瑕疵之上。

为什么只是天花板高度的改变就能引起我们对同一个物品评

价的改变呢？

研究者给出了这样的解释：当我们头脑里"自由"的概念被启动时，我们的思维在处理信息中可以自由发挥，不受限制，从而更容易发现所有信息之间大体上的、共性的特征；如果启动的是"压抑"的概念，我们的思维就会被局限在特定的物品上，从而对某个特定的物品进行精细的加工。(详见第五章《顾全大局还是追求细节？》一文)

为了进一步验证，研究者设计了第三个实验，参与者需要分别在不同房间里进行一些材料的回忆。这一次的结果发现，如果要求自由回忆之前呈现的记忆材料的话，那些在高天花板房间里的人取得了较好的成绩。然而，若是通过一些线索提示进行回忆的话，笑到最后的就是在较低房间的那些参与者了。这也再一次证明了，我们在不同高度的房间中，所采取的信息处理方式是有差异的。

天花板高度怎样影响购物决策？

商家可以怎样利用天花板高度来促销自己的商品呢？

研究者并没有进一步在实际营销中进行实验，但相信聪明的商人已经能从上面捕获一些信息，自己去实践了。没错，既然高屋顶可以让人注重整体，而低屋顶让人注重细节，那么如果卖家想要展示产品的一般属性和整体特点的话，就会选择一个"高高在上"的天花板；而想要突出产品独特的属性以及与众不同的部分的话，可以在低矮的房间里销售。

日常施虐狂：你比你想的更残忍

Calo

经验说：做坏事折磨人总得需要一点理由吧！
实验说：施虐狂的残忍是不需要外部刺激引发的。

大多数时候，我们都尽量避免令别人感到痛苦。对一个无辜的人造成伤害时，绝大多数人会感到悔恨、悲痛以及产生负罪感。然而，对另一些人而言，残忍能够提供完全不同的情绪体验——愉悦、兴奋，甚至性唤起。在这些被称为"施虐狂"的人眼中，快乐的确是能够建立在别人痛苦之上的事情。

说到这里，你可能会很自然地联想到电影或电视剧中那些喜欢折磨他人的变态，但对残忍抱有享受心态的人，远不止在影视作品中存在。来自英属哥伦比亚大学和得克萨斯大学阿尔帕索分校的研究者在一项新的研究中指出，施虐狂不但真实存在于日常生活中，而且比我们想象的还要普遍得多。从家暴凶手、校园恶霸到网络论坛上以挑衅、侵犯他人为乐的"喷子"，施虐狂可能就在身边。

这项研究的结果近日发表在《心理科学》(*Psychological Science*)
上。"人们或许很难将'施虐狂'和'心理功能正常'调和起来,但我
们必须认识到,在理智的人群中,施虐狂倾向也同样存在。"文章的
通讯作者、英属哥伦比亚大学的埃琳·巴克尔斯 (Erin E. Buckels) 说:
"这些人不一定得是连环杀手或者是性变态,但他们能通过折磨他
人,甚至单纯通过看他人受折磨而获得情绪上的愉悦感。"这篇论
文认为,鉴于人们对暴力电影、暴力游戏、暴力运动的喜爱,施虐人
格障碍症可能存在一种亚临床形态——"日常施虐癖" (Everyday
Sadism)。

此前,马基雅维利主义、自恋癖以及精神病态三种亚临床型人
格特质以"暗黑三合一" (Dark Triad) 的名字为人所熟知。而鉴于日
常施虐癖与以上三种阴暗人格的异同,研究者认为日常施虐癖应
该作为独立的人格特质与"暗黑三合一"合并,变成"暗黑四合一"
(Dark Tetrad)。

为了探索具有日常施虐癖倾向的人们有着怎样的性格特点,
研究者进行了两项不同的实验。他们在实验中对受试的施虐癖程
度进行了测试,发现在测试中得分较高的受试可能从伤害他人的
过程中获得愉悦感。为了看到别人受折磨,这些人甚至情愿花费
更多的时间和精力。

开心的杀虫者

在第一项实验中,巴克尔斯和同事用学分作为报酬,召集了 71

位心理学系的学生。研究者对受试声称实验的主体是"人格与对挑战性职业的忍耐力":受试要从 4 项令人讨厌的任务中选取 1 项来做,这 4 项任务分别是杀死虫子、帮助实验者杀死虫子、清洁脏厕所以及在冰水中忍受痛苦。研究者假设,相对于其他 3 种索然无味的任务,日常施虐狂会更倾向于选择杀虫。结果,12.7%的受试选择了忍耐冰水,33.8%选择了清洁厕所,而选择杀死虫子或帮助他人杀死虫子的人则各占 26.8%。

　　研究者为选择杀死虫子的受试准备了碾虫机——实际上,这是一台改造过的磨咖啡豆的机器。为了增加恐怖的氛围,这台机器会发出明显的碾压声,机器的旁边摆着 3 个装有鼠妇①的杯子。为了将这些活鼠妇人格化,杯子表面都写上了这些虫子的萌系昵称。选择帮助杀虫的受试只需要把杯子递给选择杀虫的受试,这些杀虫者随后需要将杯子里的鼠妇倒进机器里"碾碎"。他们并不知道,实验中根本没有鼠妇会被杀死——机器里设有栏杆,能拦着鼠妇,防止它们真的被碾碎。

　　受试完成任务后需要接受包括施虐冲动测试、"暗黑三合一"测试、厌恶敏感度测试、虫类恐惧测试以及情绪反应测试在内的一系列心理调查。对结果进行分析后发现,选择杀死虫子的受试有着最强的施虐冲动。正如研究者假设的那样,施虐狂特质越严重,

---

　　① 俗称潮虫子、团子虫、地虱婆、地虱子、鞋板虫、皮板虫、西瓜虫等,属无脊椎动物节肢动物门甲壳纲潮虫亚目潮虫科鼠妇属。

受试就越倾向于选择杀虫而非其他任务。

值得注意的是,与非施虐狂相比,日常施虐狂在 4 项任务中获取的愉悦感更少。在施虐冲动比较强烈的受试中,没有选择杀虫任务的人的愉悦程度明显比杀虫者更低——这可能是因为这些日常施虐狂对没有选择去杀虫而感到后悔。此外,愉悦感似乎还与他们所杀的虫子数目有关,杀的虫子越多,受试就越快乐。这些结果提示,施虐行为可能能使杀虫者感觉受到奖赏。

无辜不是借口

由于被激怒或者为了复仇而攻击他人的情况,在人类中其实并不罕见。但这样的攻击是目标明确的,通常不会波及无辜的他人。然而对施虐狂而言,无辜并不是幸免于难的借口,施虐狂的残忍是不需要外部刺激引发的。相比之下,连"暗黑三合一"人群的攻击行为都还是取决于事态的。

诚然,虐待虫子和伤害人类并不是一码事。当受试知道自己施虐的对象是人类时,情况又会是怎么样?研究者进行了第二项实验。

受试被随机分成工作组和非工作组两个组别,并被告知自己需要跟隔壁一位性别相同的同学玩一款电脑游戏,赢家可以对输家进行一次噪声攻击(噪声最高为 90 分贝),也可以选择不攻击对方。实际上,输赢都是研究者安排好的:在 8 次游戏中,受试只会输掉第 1 次和第 5 次。在受试落败时,虚构的对手并不会选择对他们进行攻击,也就是说,受试的对手是无辜的,受试并不存在出于复仇而反击的可能。游戏结束后,受试同样需要接受一系列心理调查。

在非工作组中,受试在每次获胜后可以马上对对手进行攻击;而工作组中的受试如果想要发动噪声攻击,获胜后还需要做一项无聊的工作——数一段没有意义的字符段中某个字母出现的次数,这实在不是什么有趣的活儿。

然而,可能你已经料到,在明知对手不会还手的情况下,日常施虐狂还是会增强噪声攻击。在工作组当中,也只有日常施虐狂会不惜花费额外的时间和精力去实现对对手的攻击,连具有"暗黑三合一"特质的受试都不会这么干。

生活中的施虐狂

上面的这项研究表明,施虐狂具有一种渴望别人遭受痛苦的内在动机。这样的动机,在其他黑暗人格特质中都没有出现——反社会性通常基于外部事件的激发。这种自我维持的特质使得施虐狂更加烦人,也许也更加危险。

巴克尔斯强调,读者们需要意识到施虐狂并不只存在于性变态和罪犯当中。作为一种人格特质,施虐癖在日常生活中的常见程度是令人吃惊的。研究者相信,这些实验的结果为关于家庭暴力、欺凌、虐待动物以及军事暴虐行为的研究和政策的制定提供了参考。日常施虐狂可能为了愉悦感而实施这些残酷行为,"否认人性的阴暗面并不能帮助我们解决这些问题",巴克尔斯说。

目前,该研究团队正在继续研究日常生活中的施虐癖,包括施虐癖与互联网上"白目"行为(如"喷子"现象)的关系。网上的"白目"们会毫不掩饰地表达幸灾乐祸的快意,施虐狂也许会热衷上网活动。此外,研究者也将对施虐癖的间接形态进行研究。潜藏在我们生活中的施虐癖的本质面貌,有望进一步被揭开。

抑郁之于创造，是诅咒还是馈赠？

Lithium42

经验说：抑郁激发创造力。

实验说：遭受抑郁困扰的个体更容易自我反省，再进一步促
进创造力。

德国画家丢勒的作品中，我最喜欢这幅《忧郁Ⅰ》。画中的天使

丢勒，《忧郁Ⅰ》，1514

郁郁寡欢地坐在墙角,左手托着脸颊,右手持着圆规,首如飞蓬,脸色青黑,似乎郁结着黑胆汁,他的周围散布着天秤、沙漏、圆球、菱形体、一幅令人费解的四阶幻方等。这些富有创造力的玩具,却再也提不起主人公的兴趣。旁边的守护神(Genius)也撅起小嘴,一起陷入沉思。一只蝙蝠举起一条横幅,揭示出整幅画的主题——忧郁。

正如这幅画展现的一样,忧郁与创造力之间,似乎有着一层扑朔迷离的联系。历史上诸多才华横溢的创造者,仿佛受到某种诅咒,常常和抑郁等负面情绪如影随形。他们落落寡合,离群索居;他们忧郁,酗酒,滥用毒品。仅以自杀来说,我们就可以列出一张长长的名单——

1916,杰克·伦敦,注射过量吗啡;

1941,弗吉尼亚·伍尔芙,投河;

1942,茨威格,服毒;

1961,海明威,猎枪;

1963,西尔维娅·普拉斯,拧开煤气;

1970,三岛由纪夫,切腹;

1972,川端康成,口含煤气管;

1989,海子,卧轨;

……

"死亡是一门艺术,所有的东西都如此。我要使之分外精彩。"西尔维娅·普拉斯说道。

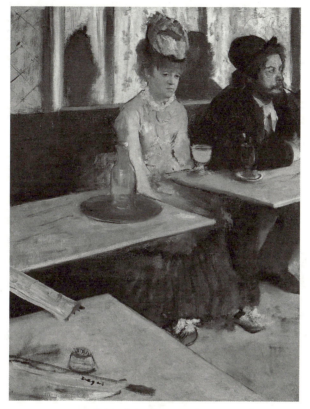

埃德加·德加,《苦艾酒馆》,1876

抑郁与创造力

早在 1987 年,爱荷华大学的南希·安德烈亚森 (Nancy C.
Andreasen) 就调查了 30 名创造性的作家和 30 名作为对照的普通人,
发现 80% 的作家都经受过精神疾病,特别是双相情感障碍和重度
抑郁的困扰,而只有 30% 的正常人有此经历。1995 年,肯塔基大

学的阿诺德·路德维格(Arnold M. Ludwig)发表了一项涵盖 1004 个
人的生平资料的研究。这些人是 20 世纪的佼佼者,来自艺术、科
学、政治、商业、军事等各个行业。统计发现,他们心理疾患的比例
显著高于正常人,容易酗酒、吸毒、抑郁、焦虑、自杀等。仅抑郁症
一项,就纠缠过 50% 的艺术家、46% 的作曲家和 47% 的小说家,这
一比例在诗人中高达 77%。

也有研究者从情境的角度探讨忧郁与创造的关系。哈佛大学
莫杜佩·阿基诺拉(Modupe Akinola)等人的一项研究,首先测量了参
与者唾液样本中的脱氢表雄酮(DHEA)含量。这种由肾上腺分泌的
甾体激素在人体内含量越低,人就越容易受到消极情绪的影响。
接着,参与者随机分为三组,做一个模拟面试的自我介绍,施测人
员分别给予赞许、否定或不做评价,引发参与者的积极、消极或中
性情绪。最后,参与者创作一幅艺术拼贴画,由当地的一些艺术家
来评判其创造性。研究发现,被否定而引发消极情绪的参与者的
作品,比积极情绪的更富有创造性。而且,他们之中体内 DHEA 含
量越低,引发的负面情绪就越强烈,表现的创造性也就越高。

阿诺德·路德维格（Arnold M. Ludwig）研究的 1004个不同行业的人一生中得抑郁和躁狂的比例

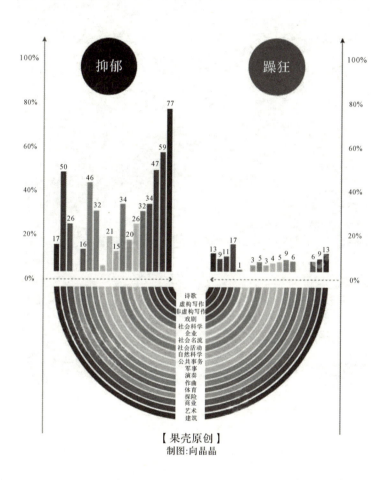

【果壳原创】
制图:向晶晶

G.F. 瓦茨,《希望》, 1886

针锋相对的观点

但故事并不仅仅是"消极情绪促进创造力"这么简单,还有不少研究针锋相对,反而支持积极情绪更能促进创造力。毕竟抑郁通常让人情绪低落，兴趣减弱，活动降低，这样的状态恐怕并不适合创作。约翰·霍普金斯大学的凯·贾米森（Kay R. Jamison）就认为，是双相情感障碍，而不是单纯的抑郁，能够诱发高创造力。（她本人也是双相情感障碍患者。）她将包括凡·高、拜伦在内的众多艺术家生平的情绪状态与他们的创作产量对比，发现当情绪转变时，例如从抑郁转为正常或是从正常转入躁狂，常是创造力最旺盛的时期。例如，德国作曲家舒曼在躁狂阶段写下了他的绝大多数作品，可在抑郁发作期间却沉寂无声。

一些实验室研究同样证实，积极情绪比消极情绪更能促进创造力。马里兰巴尔的摩大学的艾利斯·艾森（Alice M. Isen）等人发现，一些促进积极情绪的手段，比如让参与者观看一段喜剧短片或赠送一点意想不到的糖果，更能促进他们在创造性测试上的表现。阿姆斯特丹大学马泰斯·巴斯（Matthijs Baas）等人的一项元分析，整合了 25 年来关于创造力与情绪的文献，也得出结论，认为积极情绪比消极和中性情绪更能促进创造性活动。

2005 年，雪城大学保罗·威尔哈根（Paul Verhaeghen）等人的一项研究，调查了 99 名大学生现在和过去一年的抑郁倾向、创造性的兴趣与行为以及他们自我反思的倾向。数据显示，当下的抑郁倾向与创造性并无关联，这也从侧面支持了"积极情绪促进创造力"的观点。研究者认为，遭受抑郁困扰的个体更容易自我反省，再进一步促进创造力。也许正是他们对生活抽丝剥茧的思索，给创造活动提供了更多素材和灵感。

凡・高,《有乌鸦的麦田》,1890

消极积极,双管齐下

如何看待这两种看似截然相反的观点?一些心理学家决定综合两方的证据。阿姆斯特丹大学的卡斯滕・德勒(Carsten K. W. De Dreu)等人提出的"双通道模型"认为,消极和积极情绪对创造力的影响方式不尽相同。当情绪激活到一定强度后,正面的情绪能让人活跃思维,开阔思路,提高信息的加工速度,从而引发更高的创造力;负面的情绪尽管会让思维的范围和灵活性受限,但可以提高思考的持久性,在任务上坚持更长时间。

纽约州立大学奥尔巴尼分校的罗纳德・弗里德曼(Ronald S. Friedman)等人则认为,不同情绪下,不同的任务设置引发的动机也不同。在娱乐而搞笑的任务中,积极情绪会使人感觉安全,促使人们寻找新奇的刺激,比消极情绪更能提升创造力;在严肃而重要的任务中,人们更关注问题的解决,消极情绪反而在增加创造性上更胜一筹。(在实验中,他们甚至用 Comic Sans MS 和 Arial 的字体来强调任务情景的搞笑或严肃。)

此外,样本的选择,怎样定义创造力,怎样诱发情绪,都可能得到不同的实验结果。就拿测量创造力来说,艺术与逻辑思考的创造力,实验室测量的和一生的创造力,能否画上等号,都值得进一步探讨。这似乎仍是一个未解的谜题。创作究竟是愁云密布中的一抹阳光,还是逸兴遄飞时的一次泉涌? 抑郁究竟是艺术悲欣交集的馈赠,还是生活哭笑不得的诅咒?

有人说:

"悲伤会永远持续。"(凡·高生前最后一句话)

有人说:

"当你工作的时候,你是一把笛子,经由它的心,把时光的呢喃变成音乐。"(纪伯伦)

有人说:

"艺术家就像是个装满情感的容器,这些情感可能来自天空,来自大地,来自一片纸屑、一抹人影,甚至是一张蜘蛛网。"(毕加索)

钥匙泄露你的心事

渊 泉

> 经验说：钥匙串中隐含着人的很多信息。
>
> 实验说：进行性格推断的时候必须考虑到可供性发生的情境。

钥匙每天被带在身边却很少引起我们的注意，但你知道吗？钥匙串上其实隐藏着你不少的秘密。比如，钥匙的数目暗示着你所掌握的房间数，而一个人掌握的不同地点的房间越多，他的社会角色也常常越复杂——小孩的钥匙往往很少，而工作的成年人，尤其是从事行政工作的，则常常有一大串钥匙。

钥匙所透露出来的部分信息，凭借经验和直觉都能捕捉到，可经验会犯错，直觉能捕捉的往往只是很小的部分，那么我们该如何科学地看待钥匙与人之间的关系呢？这里需要引入一个概念：功能可供性，以下简称可供性。

什么是功能可供性

美国心理学家詹姆斯·吉布森（James Jerome Gibson）于 1977 年

最早在知觉领域提出可供性(affordance)的概念,认为人知觉到的内容是事物提供的行为可能而不是事物的性质,而事物提供的这种行为可能就被称为可供性。简单来说,我们可以将可供性粗略地理解为事物的一种可能的意义,它描述的是环境属性和个体发生连接的过程。吉布森认为可供性是独立于人的物体的属性,但与每个人的能力又密切相关。1998 年,认知科学家唐纳德·诺曼(Donald Arthur Norman)将可供性的概念运用到人机交互领域,相较于吉布森,诺曼更强调一定情境下可以被知觉到的可供性的意义。它不但与个人的实际能力有关,还将受到心理的影响。

钥匙就有两类基本的可供性:权力上的可供性和物理属性带来的可供性。权力上的可供性是指钥匙可以打开和锁上我们的房间,这个可供性来源于钥匙和锁的匹配。物理属性带来的可供性指钥匙的形状、重量等物理属性带来的可供性,比如我们会将钥匙作为锯齿刀使用来划开包裹,会预先称好钥匙的重量以便判断电子秤是否缺斤短两。

可供性与人的关系

事物的属性往往是很丰富的,而何种属性会被我们知觉成可供性则与物理能力密切相关。布朗大学威廉·沃伦(William H. Warren)在 1984 年的研究中为解释这一点提供了一个经典例子:爬楼梯。同样高度的楼梯,对于成年人来说,楼梯有着供其爬上去的功能可供性;然而,对于只会在地上爬的婴儿来说,这种功能可供性并不存在。相类似地，对于一个无法将钥匙插入钥匙孔中的婴儿来说，钥匙并不具备开锁的功能。

而个体的目标、期望、计划、价值观等心理属性也会影响到我们对可供性的知觉。只有当需要拆包裹的时候，我们才会将钥匙作为锯齿刀来使用；同样地，假如市场中不存在缺斤短两，没有什么人会意识到可以用钥匙的重量来衡量电子秤。

在一些更极端的情况下，我们可能仅仅知觉到事物的一个可供性，这个可供性往往是最常用的并且是被设计者预设的可供性，这时候就会发生我们心理学上所说的"功能固着"。比如对一些没有开包裹经验的人来讲，可能他们就难以想到可以将钥匙当小刀用，而只能对着包裹干着急。

通过可供性来看人

对可供性的知觉会受到特定情境的诱发，也会被我们的心理因素所影响，因此我们反过来可以通过个体选择的可供性来推断个体的心理，当然在进行这种推断的时候必须考虑到可供性发生的情境。也就是说，通过可供性来看人不是万能的。

钥匙象征着权力，将自己房间或柜子的钥匙给他人，意味着你愿意授予他人进入你的地方的权利，意味着你对他人的信任和关系的密切；而主动为子女配上一把家里的钥匙，往往也意味着父母认为子女可以开始学会独立了。至于不善于利用钥匙的其他可供性来解决问题，比如将钥匙当作小刀或者秤砣，一方面说明了在类似事情上经验的不足,同时也显示了在使用物体来解决问题上变通性不够。

　　除此以外,通过钥匙还能看出你处理家庭和工作的态度:是愿意把工作和家庭完全分开,还是会很乐意在家里处理工作上的事。如果一个人把办公室钥匙和家里的分开放置,他很可能就属于前一类人。用可供性的思路分析钥匙还可以看出很多,除了钥匙之外,钥匙环也是需要仔细观察的重要部分。什么人会串上指甲钳?什么人会串上可爱的小挂件?什么人会挂上 U 盘?什么人挂着已经不用的旧钥匙?这些问题都留给你来观察吧。

　　钥匙的可供性还有很多,这里我们只是举了很少一部分例子。欲知钥匙都可能存在哪些可供性,何不在果壳网心事小组上晒晒你的钥匙,也看看别人的钥匙,来了解到底钥匙暗藏着多少可能性。

◤作者的话

　　钥匙推断是一个严格的推理过程。当面或音频玩的话会更利于实现持续的追问,网上晒钥匙的照片只能表现部分信息,在此情况下推理犯错概率会较高。如果大家愿意的话,可以补充回答几个问题,问题如下:是学生还是已工作?单住还是合住?单身还是已婚?在父母家本地还是外地工作?目前钥匙状态的持续时间有多长?回答这些问题是为了对大家的身份和生活环境进行定位,即定位情境。由于可供性会受到情境的影响,定位了情境可以更精确地解释钥匙体现的可供性，让钥匙分析犯错概率降低很多，大家权衡权衡呗。上图是最好，如果担心钥匙安全的话可以将钥匙齿模糊处理或者用橡皮泥之类的将钥匙齿包起来。出于研究的需要，我们现在征集立体模型，包括房屋（尤其需要楼房）、交通工具（汽车、自行车）和柜子（书柜、保险柜、衣柜等）。如果有的话请微博联系@程乐华_中大心理系 或 @心理学艺术化创新实验室，作为感谢，我们会为您全面分析一次钥匙。

毕业照上的笑容可以预测幸福和长寿？

遇见未来的自己

> 经验说：照片上笑得多的人生活也往往更幸福。
> 实验说：有积极情绪基因的人可能会找到有利于愉快婚姻的
> 　　　　环境。

　　每年的毕业季，毕业生们都流行把身着学位服的毕业照晒到社交网络上。多年以后，再次浏览这些照片，聊一聊同学们的八卦，也许会惊讶地发现有的人离婚了、有的人早逝了……

　　虽说世事难料，但你想现在就通过网络上晒出的照片猜测他们的生活，预测他们的未来吗？倒也不是完全不可能的。

　　两项心理学研究告诉我们，婚姻和寿命的信息可能早就隐藏在照片中每个人的笑容里。

笑容多少预测婚姻状况

　　美国迪堡大学心理系教授马修·赫滕斯坦（Mathew Hertenstein）等人收集了 306 名心理系校友和 349 名其他系校友的一系列周年

照片。由两名受过训练的实验人员（经过训练以后两人打分接近，误差较小）对每一张照片里人物的眼轮匝肌和颧大肌运动的强度打分，再将两块肌肉运动强度的得分相加作为笑容的强度。

研究人员又通过邮件了解了这些人后来的婚姻状况。和照片里所标定的笑容强度做比对后发现，笑容强度在某种程度上能够预测日后的婚姻状况。照片里笑容越少的人，离婚的可能性越高，笑容越多的人，离婚的可能性越低，而且男性和女性都存在这种趋势。

笑容多少预测寿命长短

另一项研究来自美国韦恩州立大学的欧内斯特·阿贝尔（Ernest Abel）和迈克尔·克鲁格（Michael Kruger）的实验。他们收集了1952年美国职业棒球大联盟选手注册时拍的登记照片，挑出230张目光注视着相机的照片，并放大两倍。然后邀请资深作家和4名成年人对打乱顺序的230张照片按照嘴周围的肌肉、缩颧大肌、眼角周围的肌肉、眼轮匝肌等处的运动情况打分。

结果发现，截至2009年6月1日，照片里笑容强度越大的人，他们的寿命也越长。其实影响寿命的因素有很多，尤其对于职业运动员。所以研究人员排除了一些可以考察的因素，比如出生年份、身体质量指数（BMI）、职业生涯长度、婚姻状况、大学入学状况等，以Cox比例风险回归模型（医学统计中用来考察与生存有关的因素对寿命的影响的模型）来做分析，得到的结果显示，笑容强度效应仍非常显著,也就是说确实可以通过笑容强度来预测寿命。

也许你会问,会不会是因为这些人的笑容比较有吸引力,所以他们得分更高,人生也更顺利呢?为了排除照片中面孔吸引力的影响,实验人员又进行了后续研究。他们重新评定了照片的吸引力得分,但发现吸引力得分并不能预测寿命。

为何可以预测未来?

综合两项实验的结果来看,照片里笑得越多的人,离婚的可能性越小,寿命越长。反过来,笑容越少的人,离婚的可能性越大,寿命越短。照片里的笑容某种程度上能反映稳定的人格特质和潜在的情绪状态。

有研究者从基因与环境交互作用理论解释了这个现象。人的一生都在寻找与基因相适应的环境,有积极情绪基因的人可能会找到有利于愉快婚姻的环境,甚至找到同样具有积极情绪的伴侣。

如果从情绪的社会功能来解释,基本的情绪状态,比如开心和伤心,会产生不同的自动反应模式,这会影响到我们的行为、生理和认知加工,并最终影响到人生中重大的生活事件,比如婚姻和寿命。表情具有符号价值,笑容能够传达友好的信息。照片里爱笑的人,现实生活中可能更爱笑,那么笑容里传达的友好信息有助于维护稳定的亲密关系。而情绪是可以传染的,看照片里的人在笑,人也会无意识地发出笑的动作。那么经常看伴侣笑,不知不觉地跟着笑,和伴侣的关系自然会得到加强。

◣ 心事鉴定组再说两句

积极心理学还是心理学上一个新兴领域，这样一个相关研究也许还不足以给出特别令人信服的结论。但无论如何，多年以后看到自己毕业照上年轻、灿烂的笑容，那张老脸上也会泛起傻笑吧。

看办公桌识性格，比看星座靠谱

听风的雨

经验说：办公室或卧室摆放体现了一些主人的特质。

实验说：通过个人物品来推断性格比通过星座来推断靠谱
多了。

我们在影视作品、小说中经常会看见这样的场景：福尔摩斯环
顾房间四周，推测出房间主人的生活习惯、性格特点；赖头和尚指
着路人怀里的幼女说那是"累及爹娘之物"；莱特曼通过几个表情
就知道你有没有撒谎……可是这些真的会发生在我们的生活
里吗？

生活当然不可能那么神奇，但各有所好的人们不经意间会通
过他们的个人物品流露出自己的个性特征，或者试图利用具有某
些特点的物品标榜自己。只要意识到这一点，其实"以物取人"有
时比长期的交往更能判断一个人的真性情。

见房如见人

得州大学奥斯汀分校的格斯林（Samuel D. Gosling）研究证实，个

人的环境细节会引导观察者做出较准确的判断。

观察者会根据各种看见的线索来判断主人的性格,在这个实验中,设计者提供了大五人格的 5 个维度:开放性、神经质、责任感、宜人性、外向性。观察者可以通过各种线索来推断主人的性格,而在开放性和责任感方面,推断的正确率是比较高的。(详见第一章《 手把手教你用社交网站判断性格 》一文)

格斯林在实验中,选择了办公室和卧室作为实验空间。通过对办公室的观察,观察者在开放性、责任感和外向性 3 个方面正确率较高;而在对卧室的观察中,不只是上述 3 方面,所有 5 个维度的正确率都很高,并且高于在办公室的数据。

之所以卧室比办公室更反映性格,可能因为我们有更大的自由空间去装扮卧室,并且卧室更加像一个私人的地方,我们不会刻意地去掩饰什么;而在办公室,很可能会因为一些原因使得它的装饰并不是我们真正的心意。实验中使用的卧室大多都是多功能性的,也就是说主人不光在睡觉时才待在这个房间里,自然携带了更多个人色彩。

为什么性格会被物品出卖?

交互理论学者们指出:一个人选择并且创造了自己的环境来匹配和加固自己的性情、偏好、态度、观点等。也就是说,日常生活中,我们的确有意识或者无意识地在每天的起居环境中留下自己独特的印记,从墙壁的颜色到家具的摆放都适应着我们的习惯和喜好。

具体来说,联系环境和个人的机制有两种:一种是身份声明,一种是行为痕迹。

身份声明又分为两种:一种是倾向自我的身份声明,即主人为了标注自己的空间或者强化自己的观念而进行的行为,比如已婚人士会在办公桌上摆全家福。另一种是倾向他人的身份声明,就是说希望别人能够按照自己想要的方式看待自己,比如玻璃柜里闪闪发光的奖杯不是为了给自己看的。但是这两方面往往很难区分,在办公室里挂个万马奔腾图,到底是因为老板属马还是为了给人"马到成功"的印象? 我们很难推测某一行为背后的动机。

但这一行为重复多了,却可以说明点什么。房间主人会一整天一整天地待在自己的房间里,而在这期间,就会发生一些重复的行为。哈佛大学的戴维·巴斯(David M. Buss)认为,重复的行为和一个人的性格有关,而这些重复的行为会在房间里留下一些证据,我们可以通过这些来推断主人过去的行为。

小心以偏概全

虽然在实验中依靠物品线索推断性格的正确率的确大于纯猜测,但是我们仍旧不能根据一两件物品断然给别人贴标签。

首先,主人在带人参观自己的居所前,都会有一番整理和修饰,这一过程会消灭很多可以参考的线索。其次,有些主人会在房间里刻意摆放永久性的象征物,来表达自己的观点,而这些象征物可能被我们错误地用来推测主人的性格。

而刻板印象常常左右我们对他人的判断，如果是比较宽泛的刻板印象（例如亚洲人内敛含蓄），结果可能不会有过大的偏差；但是如果这种刻板印象与自己的经历有关，是一个很个人的观念，缺乏统计依据，就会造成比较大的偏差。

不管怎样，个人物品常常被人当作自我的一部分，是每个人"三观"的体现，通过仔细观察办公桌推测性格，比研究星座可靠多了。

是 否我做错

不是我杀的人，是我的大脑和基因

Synge

> 经验说：现实中存在一些更不容易抑制冲动，从而做出杀人
> 举动的罪犯。
> 实验说：有基因与"对社会拒绝的敏感性"有关，攻击性是
> 高敏感性的表现。

2011 年 8 月,意大利法庭再次接受了大脑扫描和基因测序的证据,减低了对杀人犯的刑罚。对于该国法庭,这举措已不是第一次。2009 年的另一个杀人案件中,意大利法庭第一次接受了基因测序证据而给予被告减刑。

所以问题来了,是谁杀了人？是我练了钢琴的手、我的大脑、我的基因,还是我这个人？我有了"杀人犯"基因或者"杀人犯"大脑结构,就可以不对我的行为负责了吗？

上述判决中所采用的法庭证据的细节无法查到,但提供证据的科学家们在 2010 年的《行为神经科学前沿》(*Frontiers in Behavioral Neuroscience*) 上详细报道了另外一个杀人犯的案例。研究者们用形

态学的分析方法分析了杀人犯的大脑灰质密度,发现了杀人犯前额叶灰质密度比常人低。另外,对杀人犯进行的基因测序也发现,他所携带的一个叫 MAOA 的基因属于表达量低的类型。研究发现,带有这种 MAOA 基因的人,更有可能具有冲动和攻击的倾向。

大量的研究已经发现了与攻击性及犯罪有关的大脑区域,主要包括前额叶皮层和杏仁核,其中,前额叶皮层与控制冲动有关,杏仁核与感知情绪有关。前额叶皮层的损伤会导致一个人无法抑制冲动,从而更容易激情杀人[①]。而攻击性强的人,其杏仁核对情绪线索的反应很弱。杏仁核的损伤让人无法感知他人的情绪,使人变得"冷酷无情"。

那么前额叶皮层或者杏仁核的损伤,是否就可以让犯人免于承担罪责?从法律的角度讲,判断责任依据的是人当时的心理状态,比如欲望、意图和计划等。而我们显然不能因为大脑某个区域灰质密度变小,就判断这个人不应该对自己的行为负责。大脑缺陷可能会影响心理状态,比如降低抑制冲动的能力,但并不能完全决定心理状态。现有的大量研究只是表明了大脑结构、功能与攻击性和犯罪之间的联系。但大脑如何决定心理状态,心理状态如何决定行为,这一系列联系需要更明确的证据才可能用来判断责任。

意大利法庭接受的另一个证据是罪犯带有与攻击性有关的

---

① 没有预谋,一时冲动的杀人行为。

MAOA-L 基因型。1993 年，荷兰科学家汉斯·布伦纳(Hans Brunner)等人最早发现 MAOA 基因的低表达型(MAOA-L)与攻击性的联系。带有该基因型的人，更容易受挑逗而产生攻击性行为。脑成像表明，MAOA-L 基因型通过控制情感唤醒、情绪调节和冲动控制的神经回路来影响人们的攻击性行为。

但事实并不这么简单，2002 年伦敦国王学院精神病学家苔莉·莫菲特(Terrie Moffitt)领导的研究小组发现，MAOA-L 基因型个体只有在成长过程中受到过虐待才会表现出反社会性问题。能否产生攻击性行为甚至犯罪，是由基因和环境共同决定的。在考虑责任时，不能只看基因的证据。

MAOA 基因与攻击性的研究在新西兰引发了另一场争议。2006 年的一项研究报告表明，新西兰的毛利人携带 MAOA-L 型基因的比例高达 56%；而对于高加索人种（起源于欧洲的白种人），MAOA-L 型的比例约为 34%。因为传说毛利人有食人的历史，这一结果似乎会加深人们对毛利人野蛮的刻板印象，因此新西兰媒体进行了广泛的讨论。有研究者认为，MAOA-L 不仅与攻击性行为相关，还与冒险行为有关。因为毛利人当年可能是乘坐独木舟跨海到达的新西兰，这个历史也许可以解释毛利人中 MAOA-L 基因比例较高的原因：只有那些当年富于冒险精神的人才最终到达了这个海外孤岛。

而更为怪异的研究结果是，中国台湾的一个小样本研究发现，汉族人中 MAOA-L 型基因的比例高达 77%，为全世界最高。那是否大部分汉族人犯罪后都要被减刑呢？实际上，现有的 MAOA-L 基因型与攻击性的联系都只是针对高加索人群的研究，在汉族人和毛利人身上都没有直接证据。目前一般认为，MAOA 基因与"对社会拒绝的敏感性"（sensitivity to social rejection）有关。而攻击性可能只是高敏感性的一种表达形式，并不是说有了 MAOA-L 型基因就一定性格冲动、富于攻击性。

而社会心理学家认为，人群中携带 MAOA-L"对社会拒绝的敏感性"基因的比例可能会影响一个社会的文化取向。有证据表明，MAOA-L 基因型比例越高的国家，就越可能倾向集体主义；而 MAOA-L 基因型比例越低的国家，就越可能倾向个人主义。集体主义价值观可能起到缓解因社会拒绝而引起的焦虑的作用，从而减少由此引发的反社会攻击性行为。但这也仅仅是一种初步的理论，MAOA 与社会文化的关系并未最终定论。

无论如何，依据基因判断犯罪责任需要考虑个人成长背景以及种族和社会文化等多方面因素。我们很难从单一的基因测序结果推测罪犯是否应该减轻承担责任。

总之，神经科学和遗传学的研究帮我们更加深入地理解了犯罪行为产生的原因，但解释原因并不代表开脱责任。也许科学的发展可以帮助我们更好地理解和预防犯罪，比如对儿童的成长过程给予更多的关爱，避免虐待儿童的事件发生，这些都好过在犯罪发生后思考如何给予惩罚。

精确信息没必要，难得糊涂表现好

Lithium42

> 经验说：我们喜欢确切，不喜欢模糊不清。
>
> 实验说：模糊提供了多种解释的余地，而精确限制了大脑想象的空间。

请问今天你吃了多少卡路里，减轻了多少体重，走了多少步路？

在浴室里的电子秤演化到可以表示小数点后数位的今天，获取精确的数字再非难事，所以上述问题都会有个确凿的答案。一般来说，精确的信息让我们更有安全感，对环境的认识更加清楚，更易于实现目标、提高成绩。心理学家、"目标设定理论"先驱爱德温·洛克（Edwin A. Locke）就认为，明确的、有一定难度的目标能够提高工作绩效；模糊的目标则使人们怠惰低效，推诿拖延。

模糊似乎天然不讨人喜欢，但犹他大学的希曼舒·米什拉（Himanshu Mishra）和斯坦福大学的巴巴·希夫（Baba Shiv）等人的研究指出，事实可能不是这么简单。在第一项实验中，研究者告诉参与

者,一种含有黄烷醇的可可粉能提高人的心理敏锐程度。两组参
与者得到同样的巧克力,其中一组精确地知道巧克力中含有 1 克
可可粉,而另一组只是模糊地知道可可粉含量在 0.5 克到 1.5 克之
间。吃完之后做测试,不知道可可粉确切含量的参与者在心理敏
锐程度测试中的成绩反而更好。在这项实验中,信息的模糊性成
为一个促进成绩发挥的有利因素。

模糊的信息"坯子",便于脑补

人常常倾向于将信息朝自己有利的方向解读。纽约州立大学
奥巴尼分校的一项研究中,72 名橄榄球运动员在对自己的 6 项维
度(力量、身材、协调性、球感、心理素质、反应速度)做出评价时,相
较于教练的评价,在"模糊"维度(如球感、心理素质)上明显高估自
己,而"精确"维度(如力量、身材)上评价比较一致。另一项针对驾
驶者的测试也呈现出类似情况。当问及"驾驶水平"时,参与者都
自信满满;可是一具体到"平行停车"这种问题,他们也只好先掂量
自己究竟有几斤几两,乖乖如实回答。

在缺乏数字、凭空想象的情况下,我们会歪曲事实,高估自己。
但有数字、有调查时,人类依然善于歪曲。心理学上有一种称作
"逆火效应"的现象,就是人在被动接受信息轰炸时会极力保护既
有观点不受外来信息的侵害,所以即使事实摆在面前,也会按照自
己的偏好来处理甚至曲解信息。有人说"你永远无法叫醒一个装
睡的人",其实把这个对象换成一个正常人也并不为过。

模糊的信息给人们提供了曲解的余地,让这种认知上的"自私自利"更加肆意。而精确的信息,限制了大脑"发挥想象"的空间。面对一份语焉不详的食品报告单(如卡路里含量),心存侥幸的节食者可能会下意识地只关注数值的下限,然后一边安慰自己一边大快朵颐。而在前文提到的实验中,模糊信息组可以将可可粉的含量(0.5～1.5克)朝对自己有利的更高方向想象,而精确信息组就无能为力。

良好期望,让我们做得更好

不知不觉中,原本模糊的信息被大脑剪裁加工,已经悄然改变。但最终影响成绩的发挥,还需要借助期望的力量。即使是使用生理上毫无功效的"安慰剂",一无所知的病人仍然预料或相信治疗有效,凭着这份虔诚和执着,也能"感动"自己的神经系统,舒缓症状。类似的"安慰剂效应",在生活中潜移默化地影响着我们的信念与行为。因为相信"一分钱,一分货",所以花全价买来的功能饮料要比打折购买的,更能提升参与者解决问题的能力。知道了自己从事的训练具有减肥的效果,这样的参与者比没有建立认知联系的参与者瘦得更多。

模糊信息带来的有利曲解,再加上积极的心理暗示,两者共同发力,促进成绩发挥。米什拉和希夫在对参与者的询问中发现,模糊信息者对可可粉的效果给予了更大的期望。这份对自己更高的期望,让他们在接下来的测试中发挥得更好。

模糊信息，也有用武之地

模糊信息或许可以给减肥行业提供启发。米什拉和希夫在另一项实验中故弄玄虚地制造了一种身体健康指标（HHI），并告诉正在减肥的参与者，当 HHI 落在 45～55，体重处于理想状况。参与者同样被分为两组。一组得到一个 HHI，一组则得到一个 HHI 区间（其实只是一个 HHI 上下增减 3%）。两周后再次测量，得到模糊区间的参与者瘦得更多。这或许是因为他们觉得自己离理想状态更近，因而更有动力完成瘦身大业。而得到精确信息的人，早就被一个精确的数字吓得不堪一击，不战而逃。

达顿商学院教授劳尔·卡奥（Raul O. Chao）甚至把微软近年来在与苹果和谷歌的较量中创新不足、处于下风的原因归结为不懂得使用模糊信息。微软不易接受模糊性的目标，在流程中设置了过度严格的审查，对创新的失败也缺乏容忍。对于创新这种难以量化又易受影响的事件而言，试试对员工使用"下几个季度要进行三项以上的创新"这样的模糊口号，或许比"这个季度我们要进行两项创新"效果更好。

追求精确与严谨，是对待科学和工作的态度，但这并不妨碍我们在生活中给自己的认知松绑，让曲解信息的"天赋"有更多发挥空间，让理智与信念各取所需，让自我效能感适度膨胀，从而创造更好的成绩。模糊信息，也有用武之地。

人生导师的建议为何不实用?

心宁 2010

> 经验说：难以抉择时找个智慧的导师问问总是有用的。
> 实验说：太智慧的人生导师可能不理解普通人的难处。

"自信地朝着你的梦想前进吧!"超验主义作家梭罗也曾说过这样的励志体。

尽管这种腔调早已不新鲜,但网络上成天呼吁"朝着理想前进"的人生导师们还是被大量粉丝簇拥着,因为这种充满热血和理想的激情并不能每天自然到来。然而为什么人生导师给出的建议和人生选择在现实中那么难以实现呢?为什么我们在给别人建议时那么容易,轮到自己就变难了呢?

最新的心理学研究表明,人们往往理想化地给别人提建议,却用实用主义来指引自己的选择。

日常生活中的两难抉择

入党还是不入党?去大公司工作还是去山村支教?从事心爱的艺术事业还是进入金融界?为了梦想去创业还是赶紧找一份稳定的工作?等待完美的爱情还是找个人结婚?

在日常生活中,大到职业规划、婚姻家庭关系,小到该买哪个颜色的手袋……作为社会性动物,我们常常寻求他人的建议,也给他人提出建议。然而,你有没有想过,同样一个问题摆在自己面前,你自己的选择与你给别人的建议一致吗?

理想的建议,实际的选择

来自以色列特拉维夫大学的心理学家赛·丹齐格(Shai Danziger)和本古里安大学的罗尼特·蒙塔尔(Ronit Montal)、雷切尔·巴坎(Rachel Barkan)设计了一系列的实验,来回答为什么人们给他人的建议和自己的选择会不同。

在一个实验中,参与者需要根据下面的背景选择一个合作

伙伴:

作为一门课程的一部分,你必须与另一个学生合作来完成一项课程作业(占总成绩的 40%),你会选择以下哪个学生作为合作伙伴?

A:他总是按时完成作业,但是不能创造一种积极的讨论氛围。(实用的选择)

B:他能创造一种积极的讨论氛围,但是却不能总是按时完成任务。(理想的选择)

而另一些参与者看到的背景是:

当你拜访朋友时,碰见另一个学生,他告诉你他要选择一个伙伴共同完成一项课程作业(占总成绩的 40%),你会建议他选择以下哪个学生作为合作伙伴?

结果表明,大多数参与者向他人推荐理想的合作伙伴时,认为创造积极的氛围更加重要。但是在自己做选择的时候,他们却更现实,认为按时完成任务更加重要。

在另一个实验中,参与者被邀请成为一个为贫困人口提供食物的公益组织的志愿者。志愿者的主要职责是帮忙收集和分发食物,需要保证每周至少 3 个小时的工作时间,因此他们自己学习的时间会相应减少,但是很多需要帮助的家庭的生活质量会因此而得到改善。

相比较推荐其他人加入公益组织时的积极,这些参与者在决定自己是否要加入时则显得犹犹豫豫。参与者选择加入的比例明显低于他们建议别人加入的比例。

建议 ≠ 选择——心理距离的视角

为什么我们会给别人比较脱离实际的选择呢？

研究者假设，这是因为建议者比决策者离选择困境的心理距离更远，所以他们更倾向于从更高的心理构建水平来看待当前的选择困境。因此，建议者更多地向他人提供理想化的建议，但是自己做选择的时候却更实际。

在另一个实验中，实验者通过让参与者回答一系列的问题（为什么 vs 如何做）来控制参与者的心理构建水平（高 vs 低）：让他们思考一些细节问题来形成"低心理构建水平"，思考一些宏观问题来形成"高心理构建水平"。结果发现高心理构建水平的参与者比低心理构建水平的参与者更倾向于提理想化的建议，而低心理构建水平的建议者所给的建议与倾向于实用的选择者所做选择的比例一致。在一项后续的研究中，研究者发现降低建议者的心理构建水平（向别人提建议之前，先让他们想象一下自己面对当前的情境会如何选择）会促使所提的建议更现实。

建议和选择的智慧

寻求、给予和接受建议对于我们来说是再平常不过的日常生活经历了。当你给别人提建议的时候，想想自己在当前情况下会如何做选择，这样会让你提出更实际的建议；当收到他人给予的建议的时候,想想建议者自己如何做选择,或许会告诉你什么才是最切实可行的选择。当然,理想的建议与实用的选择本身并没有好坏之分。理想化的建议会告诉我们长远的愿景,而实用的选择则会更高效地满足我们当前的需求。

最智慧的决策还是:不时转换自己看问题的视角,具体问题具体分析,做出更合适的选择!

◤ 心事鉴定组再说两句

江湖太远,很难理解君为何而忧;庙堂太高,很难知道民为何而忧。人生导师再不了解情况也可以算是"过来人",只要不拿自己吃的盐和别人吃的饭做比较,大家心平气和地坐下来交换一下视角,不失为逼近庐山真面目的好办法。

人类是怎样通过犯错误来适应世界的？

非言语

> 经验说：自己的判断和事实总出现那么一些差距，这世界不会好了。
>
> 实验说：错误也有靠谱的时候，其实犯错是我们生存技能的组成部分。

有人说，"他人即地狱"；也有人说，"老子天下第一"。前一种是高估了危险，后一种是高估了自己。这些都是认知偏差。

每个人都会犯很多类似的认知偏差，例如人们在判断他人行为原因的时候，容易高估性格的影响而低估环境的作用。比如把别人的沉默当作内向，却忽视了你们之前缺乏共同语言。而男人在判断女人是否喜欢自己的时候，又常常是一个乐天派，对方的回眸一笑常常会被他们理解成为以身相许。这个世界上为什么会有这么多的认知偏差呢？

错误背后的演化逻辑

如何解释认知偏差是一个非常棘手的难题。经济学家认为，大脑通常采用简单程序应对复杂环境，因此出现偏差在所难免。而社会心理学家则认为，认知偏差跟自我中心的思维倾向有关，是为了维持积极的自我形象、保持自尊或者维持良好的自我感觉。不过，演化心理学家马尔蒂·哈瑟尔顿 (Martie Haselton) 和丹尼尔·列托 (Daniel Nettle) 认为目前已有的解释难以令人满意，给出的都是表面答案。他们提出了错误管理理论，认为通常的决策不是犯不犯错误的问题，而是犯哪种错误的问题。

简单地说，错误管理理论认为人类在不确定情境下的决策通常面临着出现差错的风险。这些错误可以分为两类：错误肯定和错误否定。

错误肯定是把噪声当成信号，比如把没病的人识别为有病的；而错误否定则是把信号当成噪声，比如把有病的人识别为没病的。两类错误，在演化环境中通常具有的代价是不同的。

哈瑟尔顿和列托认为，许多认知偏差都是自然选择配备给人们的行为手册，指导人们以犯错误的方式适应世界，因为如果不犯这种错误，就可能会犯代价更高的错误。举例来说，把有毒的蘑菇当成没毒的风险就远远高于相反的情形。因此，假如一个原始人在野外找吃的，看到一种从来没见过的蘑菇，在不能判断蘑菇是否有毒的情况下，假设蘑菇有毒的代价无疑是可以接受的（即使这种判断可能是错的），顶多就是挨饿。可这位老兄要是饥不择食，假设蘑菇是没毒的，恐怕就有中毒身亡的代价。因此，认为不熟悉的蘑菇可能有毒的错误感知和判断能帮助人们更好地适应环境。

有些错误其实很靠谱

错误管理理论能够解释和预测许多有趣的心理现象,下面列举一些有趣的案例。

同样的音量变化,当音量升高时,人们会高估音量变化的幅度。这是因为音量升高常常意味着某一物体趋近自己,人们高估这种冲向自己物体的速度无疑可以为自己争取更多的反应时间,因为对方极有可能是来者不善的天敌。类似地,同样一段垂直距离,从上往下看时,人们会高估这段距离的深度。这会让人在面临高度情景时更加小心翼翼,以免失足。

人们更容易把没病的人看成有病的,而不是相反。比如,他们在下意识里会把残疾人、破相者以及肥胖者跟疾病联系起来,把他们当作病人看待。这样做的损失通常很小,也就显得自己很不友好、很不善良而已;但如果他们把有病的人当成没病的,在缺医少药的蛮荒时代,那危险就大多了,很可能被疾病传染,甚至死掉。

排外心理也跟认知偏差有关。虽然陌生人不一定都是坏人,问题是人们通常无法在有限的时间里精确判断对方是好人还是坏人。他们既可能把好人当成坏人,也可能把坏人当成好人。这两种判断的代价不同,把坏人当成好人的代价无疑更大。因此默认陌生人是坏人的排外心理,其实是帮助人们适应社会生活的锦囊妙计。

男女之间的认知偏差有别，图片来源：allotmentheaven.blogspot.com

男女犯错，各有特色

错误管理理论的强大之处在于，它不单单说明了人类共同的心理偏差现象，也有力地预测和解释了男女两性在择偶领域为什么会犯不同的错误。这些错误存在和维持的根本原因在于，相比另外的错误，它们能够带来更多的好处和更少的坏处。

对女人来说，听到男人说"我爱你"是令人激动的浪漫情节。问题在于，男人的承诺可能是真心真意，也可能是虚情假意。一个女人可能把真的承诺当成假的，也可能把假的承诺当成真的。两种错误之中，后者带来的代价对她们而言尤为沉重。因此，女性可能会"错误"地低估男性承诺的可靠程度。对男人的山盟海誓和甜言蜜语，女人可能会进行默认的烘干处理，以便减少水分。

2000 年,哈瑟尔顿和戴维·巴斯(David M. Buss)通过两个研究证实了这一假设。他们要求男女大学生评价一系列男女交往的行为,判断它们多大程度上代表对方有意愿跟自己发展长期关系,结果发现女生打分明显低于男生。

除此之外,女性的认知偏差还包括高估男性的强暴意图。由于在演化环境中女性经常面临遭遇男性强暴的风险,这种风险在排卵期时更为严重。因此,排卵期女性可能会"错误"地高估男性的强暴意图。为了检验这一假设,新墨西哥大学的嘉沃-阿帕格(C. E. Garver-Apgar)等人招募了一批男大学生进行录像,要他们对两个录像的女学生说明为什么自己是一个更合适的约会对象,然后要求观看录像的女大学生评价两位男性的人格特征(包括对方的强暴倾向)。结果显示相比其他女性,处于排卵期的女性认为对方更可能采用暴力手段对待自己。

男性的认知偏差则有自己的特色。在演化环境中,男性留下后代的数目受到跟自己发生关系的女性个数的限制,一个男人拥有更多的交配机会无疑会使他留下更多后代。因此在判断对方是否中意自己的时候,男人常常会犯一种"自作多情"的错误:他们偏执地认为某个对自己微笑的女人爱上了自己。因为相比这种错误,低估女性对自己兴趣的代价反而更大。

2005 年,佛罗里达大学的心理学家乔恩·迈纳(Jon K. Maner)等人发现,观看浪漫影片之后,男性的择偶动机被激发,因此认为美貌的女性会为自己春心荡漾。女性可没有这么自负,无论男性长

相如何,浪漫电影都不会让她们有这种幻觉。在此之前的 2003
年,哈瑟尔顿通过询问当事人的方法,发现女性通常抱怨自己的心
思被男性误解,他们更多地把自己的善意过度解读为爱意,男性则
没有这种令人尴尬的遭遇。

2008 年,弗吉尼亚联邦大学的保罗 · 安德鲁斯 (Paul W.
Andrews)等人发现了另外一个有趣的男性认知偏差,即他们容易高
估伴侣背叛的可能。虽然女性也会犯类似的错误,即认为她的男
人跟其他女人上床而实际上没有这回事,不过男人犯这种错误的
概率远远高于女性。这可能跟男性低估这种风险的代价太大有
关:被戴绿帽子之后,他们不只失去了自己的女人,还有可能帮别
人养孩子。

◥ 心事鉴定组再说两句

错误管理理论告诉我们,人是通过犯错来适应世界的。很多
时候,如果想错了,那就做对了。因为大脑倾向于以"大错不犯,小
错不断"的方式来帮助我们适应一个不完美的世界。犯错,是为了
避免更大的错。

你的生活方式，大脑喜欢吗？

0.618

> 经验说：我喜欢做的事情就是我的大脑喜欢做的。
> 实验说：大脑的演化滞后于社会变化，适应得非常辛苦。

　　大脑穿越了。在永远跟不上拍的 21 世纪，这位 500 万年前驾驭着孱弱躯体征服丛林的英雄依然难改当年本色，它对世界的好奇虽然不减反增，但却没有意识到自己积习难改，适应困难。

　　大脑开始抗议了。于是你加班到深夜回家发现没带钥匙，于是你在打开文件夹后怎么也想不起来究竟要打开哪个文件，于是你晚上睡不着白天哈欠连天……最近有看到广告创意提出困扰白领工作的"坏记猩""搞错鸟""好累鸭"等这样的八大"脑兽"，也着实贴切。

　　有些人说因为自己老了，没有年轻时脑子好了。大脑认知能力随着年龄而下降，就像我们的牙齿随着年龄增长而出现各种问题一样。虽然也许是和年龄相关，但并不存在一定的因果关系，可能更多地取决于我们对待它们的方式。为了牙齿的健康，你养成了每天刷牙的习惯，可是你对大脑，这个人体最重要的器官做了些什么呢？

大脑不能抵抗的诱惑

你带着从远古穿越而来的大脑感受新鲜刺激的世界，因为这是你喜欢的。当然新鲜刺激也是它喜欢的，不过这对于它来说有些应接不暇。在丛林中动植物都懂得保护自己，伪装起来尽量不被发现。因此大脑对于外界信息特别敏锐，一有个风吹草动就会立刻引起它的注意。

然而现代社会却不同，几乎所有工业产品设计出来就是为了吸引人的注意的，尤其是那些可以同时调动起人类视觉、听觉的变换动态刺激更是如此。你有没有试过打开电视，眼睛却盯着旁边的白墙？这简直是对意志力的挑战！波士顿大学的亚当·布拉赛尔(Adam Brasel)和詹姆斯·吉普斯(James Gips)等人的研究发现,互联网在很大程度上缩短了人们注意力集中的时间,平均每分钟人们的注意力会切换 7 次。过多的刺激加重了大脑认知资源的负荷,让大脑一直处在一个无法平静的情境之中。这也就是下雨天开锁公司的生意会格外好的原因了。

大脑不能适应的"宅"生活

从前大脑一直过着颠沛流离的生活,是它们驾驭着人类祖先在动物界中以并不强壮的身体走出非洲,走遍世界每一个角落。为了生存,人类每天平均大约要行走 20 公里。甚至有学者认为人类之所以演化得到比其他动物更聪明的大脑,就是因为人类在不停的运动、行走中不断地解决问题。人类虽不健壮也不够速度,但可以称得上是最有耐力的动物,可以不停地奔跑,有学说认为人类曾经是靠着不停奔跑使得猎物精疲力竭而获得食物的。

运动对大脑的好处非常明显,它使得更多新鲜血液携带着大量氧气通过大脑,给大脑丰富的滋养。同时运动可以刺激脑源性神经营养因子,促进大脑神经元的生长。

所以现在你知道"宅"人的生活意味着什么吗？脑细胞是否会因为"幽闭恐惧症"郁闷地消沉下去？

大脑不能应对的多任务

再审视一下我们的工作状态:一边做着报表,一边听着音乐,不时刷一下微博,间或被提醒收到新的邮件……你可能觉得这样同时处理几个任务效率高,但却苦了你的大脑,因为它从来不能同时处理这些意识层面以上的任务,必须在这些任务之间一项一项地切换。这就好比一个人同时接听了几个电话,看似他同时拿着几个电话,但事情还得一个一个地说。和第一个人说完,再和第二个人说,回到第一个人时还要想想刚才跟他说到哪了。大脑也是一样,在几个任务之间切换是对大脑短时记忆的考验。

当你开始做报表时血液迅速涌向大脑的前额叶皮层前壁,于是大脑的执行网络被激活,你开始进入写报表的状态。这时系统提示你收到了一封客户的邮件,这时大脑需要脱离写报表模式,唤起邮件模式,提示大脑将注意力转向邮件,并调动邮件相关的记忆。当你回复完邮件,重新将注意力转回报表时,以上过程还要再重复一遍。

所以你现在知道你为什么总是问自己:"咦,我刚才做到哪了?"(可参考第二章的《事件切割理论:咦,我刚才是要干什么来着?》一文)

大脑不能承受的压力

　　当我们面临危险时，大脑会处于一个特别的状态——应激状态，这时候肾上腺素会大量分泌，吹响身体各个器官的集结号，准备应战。潜力就这样被调动起来了，这时的人可能完成一些平时无法完成的任务，司马光就是在此情境下急中生智砸的缸。但人不能总是处于应激状态，"一鼓作气，再而衰，三而竭"。刚开始的压力还是动力，到了后来压力就是"杀死海马的皮质醇"。压力使得肾上腺分泌皮质醇，而皮质醇过高则可以杀死大脑中对学习和记忆起到关键作用的海马。

大脑不能缺乏睡眠

大脑就像进入了血汗工厂——不但生活不好,工作环境恶劣,还得超时加班,得不到充足的休息。睡觉绝不是无故旷工、浪费时间,实际上在你睡觉的时候大脑一点也没有休息,而是在紧张地整理你这一天所摄入的信息。而如果你坚持 5 天不睡觉,很可能出现老年痴呆的症状,并且伴随严重的判断力缺失、幻想。

克里斯蒂安·卡约成(Christian Cajochen)等人对睡眠缺失者的脑电研究发现,这些人大脑活跃程度更低。大量研究证实,缺乏睡眠的人语言能力、创造力和制定计划的能力都会降低,这很可能与缺乏睡眠后,大脑前额叶皮层活动降低有关。

缺乏睡眠不仅影响大脑认知功能,更会对人体免疫力产生严重打击,因此缺乏睡眠者被一些人认为可能是"过劳死"的高危人群。"今日事今日毕"并不是个好习惯,把问题留到明天解决也许会得到更好的答案。这一点元素周期表的发明者门捷列夫一定表示同意。

大脑不喜欢高热量的饮食

来自美国农业部人类营养研究中心和南卡罗来纳大学的研究认为,饮食对于大脑衰老和神经退行性疾病是有影响的。饮食中注意减少热量的摄入,多吃水果、干果、蔬菜、鱼肉和鸡肉,可以降低年龄相关的认知下降和神经退行性疾病发展的风险。所以,爱吃油炸食品等高热量食品的人还是注意节制吧。

想让大脑创造更大价值就得了解它并尊重它的生活方式,这个问题在发达国家似乎受到了更多科学家和普通人的关注,而在中国却很少有人重视。

在你每天投入大量时间和金钱保养皮肤的时候,是否想过关爱一下大脑这个人体最重要的器官?

大脑和你有矛盾，最终决策谁做主？

Synge

> 经验说：清醒的我们时时刻刻都知道自己要做什么。
>
> 实验说：意识是大脑的 CEO，不必事必躬亲都知道接下去该怎么做。

琳琅满目的商品让人不知所措。大量的心理学研究表明，我们对自己和他人的想法其实缺乏洞察力。因此，在预测他人甚至自己是否喜欢一样东西时，我们的表现总是很糟糕。

不信请预测下面三则戒烟广告，你觉得哪一个会更有效果呢？

要了解哪个广告效果好，常用的做法是找一个代表性的人群进行评估。对于戒烟广告，就可以找一批吸烟者观看广告，然后再让他们评估广告的有效性。在一项由加州大学洛杉矶分校心理学教授马修·李伯曼（Matthew Lieberman）领衔的研究中，研究者找来一群有强烈戒烟愿望的吸烟者观看这些广告，并问他们哪个广告更有效。他们的评价是：烟瘾女想象自己跳下楼捡烟头的广告最有效；戒烟男在没有烟的状态下喝咖啡的广告次之；而用拇指表演的戒烟广告被认为效果最差。

然而，真实的情况并非吸烟者自己评价的那样。

相信你，还是相信你的大脑？

大脑是一个司令部，平时公务繁忙，不同的部门各司其职，各项工作进行得有条不紊。功能核磁共振的脑成像技术可以帮助我们在不妨碍司令部的日常工作的前提下，直观地看到不同部门所进行的各种活动。而借助这项对人体无害又直观的先进技术，科学家们已经发现了一些大脑中与决策判断或者奖赏有关的区域。但科学家们并不会因此而满足，他们继续问的问题是：是否可以反过来，通过观测大脑这个特定区域的活动来预测人类的决策和行为？

李伯曼等人让吸烟者躺在 MRI 机器里观看戒烟广告，同时记录他们的大脑活动，他们主要关注的是一个与决策有关的内侧眶额皮层的活动强度。在实验前和实验后 1 个月，研究者分别测量了参与者呼吸中的一氧化碳浓度。这是对吸烟量的客观测量指标，是人无法主观欺骗或隐瞒的。研究者发现眶额皮层观看广告时的激活程度越高，吸烟者 1 个月后一氧化碳浓度降低的幅度也越大。更有趣的是，神经活动的预测能力，要比吸烟者自己报告的戒烟动机、自我效能等主观指标之和都好。

接下来的问题是，三则戒烟广告，哪个更有效果？

用前面说过的可以预测参与者戒烟效果的内侧眶额皮层区

234

域,分别考察三种戒烟广告引起的激活强度的差异。眶额皮层的激活结果给出了与吸烟者主观报告不同的结果,拇指戏引起的激活最强,女性想象跳楼第二,喝咖啡第三。

参与者自认为看到女性想象跳楼的广告最有效,拇指戏最无效,但他们的大脑却告诉研究者,拇指戏最有效。如果你是决策者,在看到这样的结果后会采用哪个公益广告呢?

在实验结束后,与这三则广告类似的戒烟广告分别在美国的密歇根、马萨诸塞和路易斯安那州播放,每个广告最后都给出了戒烟热线电话。研究者只要等上几周,就可以知道广告效果如何。从这三个州在广告播出前和播出后热线电话的拨打数量的增幅上看,广告引起的效果是与神经活动的预测一致的。看似很无聊的拇指广告播出后,拨打热线电话的数量比平时增加了 3 成,想象跳楼的广告增加了 1 成,而喝咖啡的广告只增加了 3%。

你为何不知道自己大脑的想法?

李伯曼等人的这一系列研究显示了非常有趣的结果,吸烟者对于自己能否戒烟的预测以及哪个戒烟广告更有效的预测,还没有通过观察他们大脑内某一区域的激活水平预测准确。大脑是产生思想和控制行为的器官,由大脑活动预测人的行为甚至群体的行为,并不十分奇怪。奇怪的是,为什么吸烟者自己的主观评价与大脑内侧眶额皮层的活动并不相符呢?

这说明人类大脑对行为的控制不是简单地由大脑产生思想,

再由思想产生行为。相反,人类的意识通常缺乏对大脑活动的内省理解。在一些时候,如果直接测量大脑活动,也许是个比人类主观报告更有效的预测人类的行为方式。(见本章《有一种错觉叫自由意志》一文)

自亥姆霍兹(Hermann von Helmholtz)、弗洛伊德以来,心理学家逐渐意识到人类意识只是人类整个思维活动的冰山一角。近来的脑成像研究也发现,大部分的脑活动都不进入意识。如果把整个大脑比作一个庞大的公司,那么意识的角色相当于 CEO。CEO 并不会也没必要了解公司各个部门的日常运作,相反,他需要处理各部分汇总的信息,对各个部门进行宏观管理。人类的意识也是如此。它只需要汇总从不同脑区传来的信息,而不需要了解大脑各个区域的具体运作。因此,扫描大脑活动并不只是获得更准确的主观报告,而是会得到可能与主观意识完全不同的信息。

◤ 心事鉴定组再说两句

连我们自己都不知道自己的大脑究竟是什么态度,民意调查还怎么让人相信呢?也许以后民意调查就不再是简单地回答问题,而是要扫描大脑。脑科学家已经利用这种方式成功预测了唱片市场。

生活通常比你想象的更平淡

沉默的马大爷

经验说：升职了，涨薪了，好开心吧？

实验说：情感预测和实际体验一般会出现偏差，升职涨薪也不一定那么开心。

请想象以下场景：某天早上，你像往常一样来到办公桌前，准备开始一天的工作。忽然老板把你叫到了他的办公室，由于你平时表现优异，他决定给你升迁的机会，你不仅获得了梦寐以求的职位，工资涨幅也大大超过了你的想象。

这件事会给你带来多大的喜悦？兴奋的感觉会持续多长时间？

无论这个职位你朝思暮想了多久，无论工资涨到多么难以想象，果壳网心事鉴定员不得不给你泼一盆冷水，得到这个职位之后兴奋感很快就会过去，实际的幸福没有你想象得那么强烈而持久。

情感预测与影响偏差

在心理学中，这种对于未来情绪的估计被称为情感预测。

在日常生活中,我们每天都面临着大大小小的生活决策,从购买哪件商品,如何过周末,到找什么样的工作,与谁谈恋爱,这些决策都与情感预测有关。基于对未来的预期,我们努力追求那些(自己认为)会带来快乐的事物,尽量回避那些(自己认为)会带来痛苦的事物。

那么,这些情感预测究竟有多准确呢?很遗憾,大量研究表明我们的预测通常与实际感受有很大的偏差。例如,对于职位升迁,丹·吉尔伯特(Dan Gilbert)等人发现大学讲师倾向于认为他们获得终身教职后会非常快乐,但实际获得终身教职者却没有那么快乐。与此类似,大学生通常认为和恋人分手两个月后他们会痛不欲生,但实际分手两个月的人却没有那么痛苦。不管对好事还是坏事,我们都倾向于高估它们对自己情绪的影响。即使是中彩票大奖或亲人离世这样的重大事件,它们的影响通常也没有我们估计的那么大。

如下图所示,具体来说,我们的情感预测(图中虚线)和实际体验(图中实线)一般会在两个方面存在偏差:首先,我们可能会高估情绪体验的强度,实际体验到的情绪没有那么强烈;其次,我们也可能高估情绪体验持续的时间,事件引发的情绪比想象中更容易平复下去。这两类偏差统称为影响偏差。

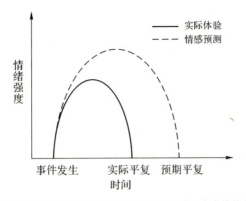

情感预测与实际体验的差异，如图中所示，人们高估了未来情绪的强度和持续时间。改编自 *Wilson & Gilbert*，2003

偏差的原因

为什么未来的事件总要比我们想象的更平淡一些？心理学家提出了以下几种可能的原因：

第一，预测未来的情绪时，我们可能会遭遇"共情缺口"。因为这时我们通常处于一种比较"冷"（未唤醒）的状态；而事件实际发生时，我们则处于一种"热"（唤醒）的状态。人们在"冷"状态下很难准确估计"热"状态下的动机和情绪，反之亦然。

第二，在针对某件事做情感预测时，我们可能会对它表现出过度的聚焦。在一段时期内影响我们情绪的因素有很多，如果将注意力集中在一件事上，就会忽略其他因素的影响。你可能对于下周的生日聚会翘首期盼，认为那一定是一段兴奋的经历，却忽略了同一周里几门课程考试带来的压力。如果能够把其他因素考虑进去,就能做出更准确的预测。

第三,面对积极的事件时,我们可能会忽视意义建构的威力。积极的事件,特别是意外之喜,一开始会带来新鲜的感觉,但很快就会被我们解释并纳入自我认知当中,导致习惯与适应。一般人拿到大公司的工作邀请可能欣喜若狂,但用不了多久,"某大公司员工"这个身份就会进入他的自我认同,变成很自然的一件事情,不再引起特别的兴奋。

第四,面对消极的事件时,我们可能会低估自己的恢复能力,犯下免疫忽视的错误。就像生理免疫系统一样,每个人也有着一套心理免疫系统,一旦遇到来自外界的威胁,免疫系统就会启动防御机制,维护系统的稳定。就像在分手后人们经常会不自觉地贬低前男/女友,说服自己对方其实并不合适,从而改善自己的心情。这套心理免疫系统非常有效,但是其运转通常是无意识的,所以我们很容易忽视它的作用。

如何做更准确的预测?

知道了上述原因后就可以对症下药,提高情感预测的准确度。为了填补共情缺口,我们可以寻找一些与目标事件类似的情境,设身处地地进行情绪体验(究竟要不要买 iPod? 先向朋友借一台试试)。为了避免过分聚焦带来的偏差,我们可以主动拓宽视野,考虑其他因素的影响。理解了心理免疫系统常见的防御机制,也有助于我们更好地预测面对积极和消极事件时可能出现的心理反应。

　　不过话说回来,不准确的情感预测未必总是一件坏事。弗吉尼亚大学教授托马斯·威尔逊(Thomas Wilson)和吉尔伯特认为,影响偏差可能具有一定的适应意义。对痛苦的高估使得我们对危险更加敏感,并激发自身的努力来避免可能的恶果(被领导批评的感觉一定很糟,所以更加用功地工作);相应地,对于快乐的高估也使得我们更有动力去追求那些美好的事物。在这些情况下,夸张的情感预测为我们提供了更强的行为动机。

傲慢让人更偏见?

范小趴 sarita

> 经验说:轻易获得成功的人对他人不是很友善。
>
> 实验说:骄纵的自豪感会抑制共情,真实的自豪感则激发
> 共情。

有些人爬上去了愿意成为其他人继续攀爬的肩膀,有些人爬上去了却傲慢地把别人踩在脚下,这是为什么呢?

英属哥伦比亚大学的杰西卡·特雷西教授(Jessica L. Tracy)提出,经历不同的成功,会令人产生截然不同的自豪感——骄纵的自豪感与真实的自豪感。

当我们并未付出太多努力,轻而易举便获得成功时,会使人更加关注于自我的成就,理所当然地产生"我成功就是因为我很牛"这样的想法。这便形成了强烈的却又不安全的高自尊,膨胀的自我形象使之无视别人的感受,充满敌意。

倘若付出努力与汗水,历经波折才取得成功,自然而然地将成功归结于之前的努力,形成安全的高自尊,并且从中感受到了自我

价值。而这样的心理体验,能够使之与他人产生共情,从而更加设身处地为他人着想。

心理学家们也通过实验验证了不同的成功体验影响着个体对他人的看法。

阿姆斯特丹自由大学的阿什顿-詹姆斯教授(Claire E. Ashton-James)的实验发现,当人们把成功归结于自我才能时易造成偏见,而付出努力的成功则更易产生共情。

实验中,研究者首先让参与者尽可能详细地对过去的经历进行回忆,通过让一部分参与者回忆自己曾经十分出色、无人可及的时刻来唤起他们的骄纵自豪感;通过让另一部分参与者回忆自己付出努力获得成功的经历来唤起他们真实的自豪感;控制组的参与者则任意回忆过去某一天所做的事。

随后,研究者通过一个量表,对参与者的自我价值、自信心、自我实现、自我中心等 14 个项目进行测量,从而评定参与者所回忆的内容是否激发了真实的自豪感或骄纵的自豪感。

最后,参与者要完成一个调查,对他们心目中的亚洲人与白种人进行评定。研究者罗列了一系列的品质,主要包括两个正向品质(友好的、讨人喜欢的)以及两个负向品质(具有敌意的、好斗的),并通过 5 分制的里克特量表(1 表示一点也不符合,5 表示十分符合),让参与者评定其心目中的亚洲人与白种人是否与这些品质相符。

结果发现,不同的回忆内容的确唤起了不同的自豪感,当唤起骄纵自豪感时,参与者对亚洲人的负面评定强烈,相比之下,唤起真实自豪感的参与者所给出的评定更为正面。

这么说来,是不是不同的自豪感会影响共情能力,从而能够产生更多偏见?

詹姆斯教授又进行了另一个实验,他对参与者的共情进行了测定。研究发现,当参与者的骄纵自豪感被唤起时,共情就受到了削弱,这使他们变得更加自我,目中无人,从而易对他人产生偏见;而当参与者的真实自豪感被唤起时,共情也随之增强,这使他们更能对他人的处境感同身受。

成功,可以成为催人奋进的动力,也可以成为妄自尊大的毒药。当我们为自己获取的成功暗自得意喜悦的时候,也要保持一颗坦然处之的心,这样才不会让那满满的自豪感转化为对其他人的偏见。

顾全大局还是追求细节？

落雁戏飞鸿

经验说：从不同距离不同角度来看一个事物，结论往往大相径庭。

实验说：战略上要采用高解释水平，战术上则要低解释水平。

"不识庐山真面目，只缘身在此山中"，你怎样理解？在心理学家眼中，它可是一语道破了人类认识事物的基本规律。

解释水平理论（CLT）是近些年来发展迅速的心理表征理论。所谓表征就是你大脑看待世界的方式，该理论认为心理距离会影响人们对于事物的认知和决策，这些心理距离包括时间距离、空间距离、社会距离以及概率等因素。研究发现，距离的接近会使我们对于事物的解释水平变得更加具体，也可以理解为有一些目光短浅。

以苏轼这个例子来说，他无法观览庐山的全貌，是因为他对庐山的解释水平太具体了（"横看成岭侧成峰，远近高低各不同"，都是一些细节的描述），而作者的解释水平之所以是具体的，是因为他离庐山的空间距离太过接近（"只缘身在此山中"）。

熟悉度影响心理表征

那么心理距离到底是如何影响我们对事物的认识的呢？荷兰阿姆斯特丹大学的延斯·福斯特（Jens Förster）教授认为，改变心理距离，实际上就改变了我们对于事物的熟悉程度，而这也是造成对事物认知方式改变的真实原因，他在 2009 年所发表的论文中证实了这一点。

研究者向参与者呈现完全陌生的图形，分别呈现 5 次、15 次或40 次。参与者无法仔细看清图形是什么，但他们可以判断出图形在屏幕中出现的位置（左边或者右边），研究者让参与者通过按键反应来记录图形出现的位置，以保证他们在实验过程中都一直在参与，没有走神。图形总共有 9 个，出现的顺序和位置都经过了严

格控制以抵消平衡,接下来参与者需要对呈现的图形进行快速的
"整体—局部"判断。

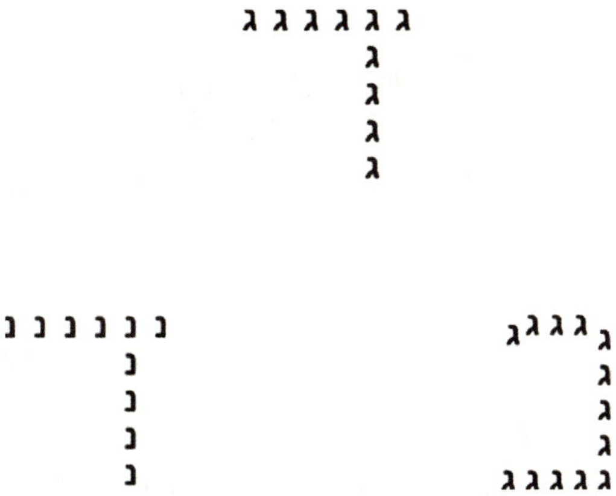

例如,在上图中,上方的图形是之前参与者看到的,他需要回
答上方的图形和下方的哪个图形更为相像。如果他们的回答是左
边的图形,那说明他根据整体的特征(高解释水平)进行判断,而如
果回答的是右边,说明他根据局部的特征(低解释水平)进行判断。

实验结果如下图显示,当图形呈现的次数越多(熟悉度越高),
参与者根据整体做出的判断越少。(其中的"局部"一项是作者考
察刺激呈现次数对于参与者喜好的影响,与本文主旨没有太大关
联,在这里予以省略。)

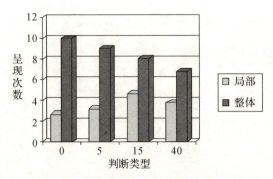

刺激呈现次数越多,人们对它越熟悉,做出的整体判断也相应越少

解释水平理论在实际决策中的应用

　　既然心理距离/熟悉度可以影响我们的判断,那它是否会进而影响我们的决策和行为呢? 研究人员发现,当我们采用高解释水平时,能够用理智控制住自己的行为,而一旦使用低解释水平,就会做出一些目光短浅的决策。在一项研究中,实验者让参与者预计自己参加一项心理学研究的意愿,并且告诉参与者,参加这样的心理学研究可以帮助他们清醒地认识自己(长期好处),但是同时又必须承受一些身心上的痛苦(短期坏处)。参与者被分为两组,一组参与者通过让他们练习回答一个词的抽象概念(比如看到"桌子"回答"家具")来形成短暂的高解释水平的习惯,另一组参与者则相反,他们看到"动物"要回答"猪",以形成低解释水平。

　　结果发现,高解释水平组更倾向于获得长期的好处——参加心理学研究,了解自己是长远、本质的利益,而痛苦则是暂时的、具体的。

○ 248 ●

　　当然这个研究并非就是告诉我们，一定是需要高的解释水平才有利于做出决策。通常来说，低的解释水平有利于了解事物的方方面面，我们必须要对事物有足够的信息才能进行决策。但是一旦到了实际决策阶段，则应该从事物中跳出来，站在一定的"高度"上看问题，进行高水平的解释，这有助于我们进行正确的决策，也可以避免"不识庐山真面目"的情形出现。

有一种错觉叫自由意志

康德的彼岸

经验说：我们人类是能够具有自由意志的。

实验说：自由意志很可能是一种错觉，尽管如此，相信自由
意志能够减少不道德行为的产生。

人类究竟有没有自由意志？换个问法也许更通俗些：人类到底是生物化学、社会文化的傀儡，还是不可预测、具有无限发展可能的能动主体？这个问题看上去很像哲学里的大问题，虽然重要，但是忽略也不影响正常的生活。更何况哲学家对这个问题的思考似乎更适合锻炼人的大脑而不是给出一个确切答案，所以长久以来自由意志研究总是停留在形而上的层面之上。

但是就在近几年，心理学家和生物学家（或者统称认知科学研究工作者）通过一系列的实证研究对这个问题给出了相对易于理解、相对一致的研究结论，其中最重要三点就是：自由意志是错觉，人对自由意志与决定论的关系的认识存在边界条件，相信自由意志的错觉是更好的。

那么,难道人类真的没有自由意志吗? 认知科学工作者究竟是怎样得出这些让人失望的结论的呢?

自由意志是错觉?

加州大学旧金山分校心理系教授本杰明·李贝特(Benjamin Libet)和哈佛大学心理系教授丹尼尔·韦格纳(Daniel Wegner)的两个实验,可以说是自由意志研究领域当中的两座里程碑。

在李贝特教授的实验当中,他使用脑成像(EEG)来检测被试的脑活动信息,同时要求被试随时报告自己动作发出的意向。结果发现,大脑是在个体报告发出动作意向几百毫秒之前就已经产生了相应动作的脑活动,也就是说动作产生的直接原因并不是个体意识当中的意向,而是意识之外的其他脑活动。这个研究的结果震惊了整个心理学界,引发了大量的后续研究。虽然有学者质疑李贝特实验中被试报告与脑活动的时间差测量的精确性(比如对被试用来报告出动作意向的时间的测量问题),但是在 2008 年的《自然·神经科学》(Nature Neuroscience)上,金顺菘(Chin Siong Soon,音译)等人采用现代的脑成像技术再一次验证了李贝特的研究结果。

另一方面,韦格纳教授采用心理学行为实验方法证明个体对于自由意志的体验是一种错觉,并不是对现实的真实反映。

在韦格纳的实验中,真假被试都戴着耳机,他们不知道对方和自己听的是不同的指导语

在 1999 年的实验当中,韦格纳及其同事设计了一个非常复杂而巧妙的实验室情境。在这个情境当中,实验员让被试与实验者的助手(伪装成被试)一同参与一个任务,任务的目的是通过操纵鼠标将屏幕上的指针停留在特定目标物上。真假被试同时控制鼠标,实验者告知被试,当音乐响起时,他们就可以停下,但是不必立即停下。实际情况是在进入音乐之后,假被试听到的指导语与真被试是不同的,当真被试停下时,指针就只由假被试控制着达到目标物,真被试在这个阶段就有可能体会到虚假的控制感——这里可以延伸理解为虚假的自由意志体验。

研究发现,在改变真假被试停下的时间差(10 秒或 1 秒等)之后,随着间隔时间越少,真被试对自己要指针停下的意向的评分就越高。也就是说,虽然在此期间指针并不是由真被试控制,但因为其运动方向与真被试预期的运动方向一致,所以时间越短,被试越会产生自由意志的错觉。

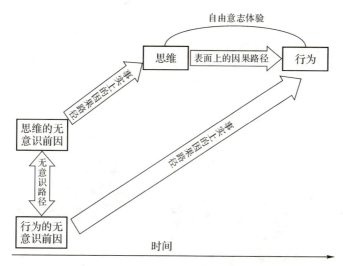

自由意志体验

思维 — 表面上的因果路径 → 行为

思维的无意识前因

无意识路径

行为的无意识前因

时间

韦格纳根据自己的实验提出了一个行为产生的理论模型:行为产生的根本原因在意识之外,而自由意志体验其实并不是建立在行为产生的真实原因之上,因此是一种错觉。具体来说,在所介绍的实验中,被试预期屏幕上的指针会移动到指定位置,尽管自己并没有操纵,仍然会因为与预期一致而产生自由意志的错觉

这两个系列研究至今都被作为证明自由意志是一种错觉的证据而广泛引用。韦格纳在 2003 年著《意识意志的错觉》(The Illusion of Conscious Will) 一书,系统总结了自己的研究以及前人的相关研究。目前"自由意志是错觉,行为产生的直接原因并不是意识"已经基本上成了心理学界当中的普遍共识。

需要注意的一点是,这里面所探讨的自由意志指的是个体的"自由意志"体验,并不是指哲学上所探讨的自由意志实体。也就是说,心理学只能探讨我们体验到的掌控感是否是错觉,至于人类到底是否具备控制能力,心理学无法研究。约翰·贝尔(John Baer)、詹姆斯·考夫曼（James Kaufman）和罗伊·鲍麦斯特（Roy Baumeister）等学者认为，心理学就是研究自由意志体验的，而自由意志本身并不是心理学的研究对象，康拉德·欣森（Konrad Hinsen）等学者甚至认为心理学永远无法为自由意志建立一个科学模型。

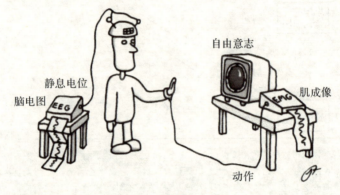

心理学只能探讨我们体验到的掌控感是否是错觉，至于人类到底是否具备控制能力，心理学无法研究

我们是如何理解自由意志的？

虽然实验证明自由意志并不与现实一一对应，是一种错觉，但这并不妨碍人类相信自由意志。实验哲学家非常关心个体是如何看待自由意志的，并希望由此来找到哲学讨论中不同的人对自由意志会有不同观点的心理学根源。

亚利桑那大学哲学系的肖恩·尼克尔斯（Shaun Nichols）在2011年的《科学》杂志上发表了一篇关于实验哲学领域对自由意志研究成果的综述。在其介绍的一个实验当中，实验者首先给被试阅读一段指导语。这段指导语的主要内容是假设宇宙是遵守决定论的，每一个事件都由之前所发生的事情所决定，因此一切都是确定的。之后被试被分为两组，一组被提问比较抽象的问题，比如"你认为在这样一个宇宙当中，每个人是否有可能对自己所有的行为承担道德责任"；而另一组被试则会被询问比较具体的问题，比如"现在有一个人杀了他的家人，但是他杀人都是有原因的，你认为他是否还要为自己的行为承担道德责任"。

这里要插入一个背景介绍，就是在哲学领域，一般认为在决定论的条件下，每个人的行为都是身不由己的，那么他们就不应该为自己的行为负责。因此实验的假设是只要承认世界是受决定论支配的，那么被试就应当认为个体不需对自己的行为承担道德责任；反之，如果被试承认个体是有自由意志的，那么被试就应该认为人是该为自己的行为承担相应责任的。

研究结果表明，案例越抽象被试越相信决定论，而案例越具体被试越相信人是可以控制自己的行为的。也就是说，当询问的案例比较抽象的时候，被试会倾向于将决定论与自由意志对立起来；反之，在比较具体的案例中，被试就不会因为决定论的假设而排除行为主体对自身行为的道德责任。在哲学领域，有的学者认为自由意志与决定论是相排斥的（不兼容论者），有的学者认为两者是可以并存的（兼容论者），这两种哲学观点的心理学根源之一可能在于问题的抽象性。

我们还要相信自由意志吗？

尼克尔斯在《心理学和自由意志》(*Psychology and Free Will*)一书的序言当中认为,心理学对于自由意志课题的探讨的贡献可以分为三个层面,第一个层面是描述层面,就是回答人们是如何理解自由意志的;第二个层面是实质层面,就是究竟是否存在自由意志;而第三个层面就是规范层次,就是回答在理解了自由意志的本质之后人们应该怎么做的问题。其实,第三个层面似乎更重要一些,毕竟人们更关心的是拥有一个信念有多大的价值。心理学家们的确在这方面也进行了大量的研究,其中最重要的一个研究结论就是:相信自由意志能够减少不道德行为的产生。

明尼苏达大学管理学院的凯瑟琳 · 福斯(Kathleen D. Vohs)和英属哥伦比亚大学心理系的乔纳森 · 斯库勒(Johnathan Schooler)设计了两个实验情境,一个情境当中被试被诱发相信决定论,另一个情境当中不进行任何处理,之后同样要求两个条件下的被试进行一个数学测验。在这个数学测验当中,被试被要求自己独立完成,但同时也被告知可以通过特定的操作看到答案(当然是不被允许的)。这样实验者就可以通过暗中记录被试违规操作的次数来测量"欺骗"行为的频率以作为不道德行为的测量。结果发现,被诱发相信决定论的被试有更多的不道德行为。

为了进一步验证这个结论,在另一个实验当中,福斯和斯库勒在一个条件下要求被试阅读认为这个世界是受决定论支配的文字,而另一个条件则不做任何处理。不道德行为的测量变为被试对自己在认知任务当中的表现的奖励是否公平。研究结果再一次表明,阅读了决定论文章的被试相比较于没有做任何处理的被试,更频繁地给自己更多的奖励。

福斯和斯库勒在解释自己的研究结果的时候说:"怀疑自己的自由意志可能会破坏一个人对自我作为行为主体的感觉。或者可以说,否认自由意志就会给人一个随心所欲行事的终极理由。"可见,无论自由意志是否是一种错觉,从功利主义的角度来讲,相信自由意志是一个更好的选择。毕竟相信人类的能动性会促使我们遵守道德规范,反之就会放松对我们自身的要求——因为如果一切都是决定的,那么我们就不用对自己的行为负责了。

自由意志的心理学研究

康德将自由意志定义为:一个人根据自己的意志而不是他人或者其他因素去遵守规范。从这个角度来说,自由意志的心理学研究的意义就不仅仅在于回答形而上的哲学问题,更重要的在于启蒙每一个人,让我们了解我们的行为究竟哪些是受到了社会文化因素的影响,哪些是真正自我的追求,如此才能获得真正的"自由"。

信仰自由不是信仰随心所欲,而是信仰不断地追求真理的边界,不断地排除先天、世俗传统的约束,单纯地用自己的理性和真理去做出人生的每一个决策。尽管当前自由意志的研究离这些课

题还有相当远的距离,但是我相信,正是这种对最大化自由的渴望

才能驱动后来的心理学者们在这条道路上不断迈进。

假面的告白

不要说你不是"道德家"

hcp4715

经验说：只有一部分活得太清醒的人才会苛刻看待人性。

实验说："副产品效应"让每个人心中都活着一个道德家。

《纪念刘和珍君》中写道"我向来是不惮以最坏的恶意来推测中国人"，似乎只有像鲁迅先生这样具有深刻洞察力的智者才会这样"客观"地看待人性。然而最近的研究表明，只要某人的行为造成了消极后果，那么大多数人都会推断他其实是恶意为之的。也就是说，行为结果影响了周围人对当事人行为意图的推断，耶鲁大学实验哲学家约书亚·诺博（Joshua Knobe）将之称为"副产品效应"，也有人将它称之为"诺博效应"（Knobe Effect）。

你认为你不是这样的？但假如你参与了诺博教授的实验，很可能也会陷入对他人的道德审判。作为诺博教授的被试，你会阅读到类似下面的文字：

某公司的副总向董事长报告：

"我们正考虑实施一个新项目，它会增加我们的利润，但会破坏环境。"

董事长答道:"我才不管这个项目是否破坏环境,我只要能赚钱就行。"

于是该公司进行了该项目,正如所料,环境被破坏了。

读完这个故事后,你需要做出如下判断:"请问,你觉得该董事长是有意破坏环境的吗?"如果你像大部分(82%)参加实验的大学生一样,就会回答"是"。

当然,你还有可能读到另一个故事:

某公司的副总向董事长报告:

"我们正考虑实施一个新项目,它会增加我们的利润,也会保护环境。"

董事长答道:"我才不管这个项目是否保护环境,我只要能赚钱就行。"

于是该公司进行了该项目,正如所料,环境被保护了。

同样,你要对该董事长的意图进行判断:"你觉得该董事长是有意保护环境的吗?"这里,如果你像大部分(77%)参与实验的大学生那样,你也会说"不是"。

上述的两个情境唯一差异就在于将"破坏"换成了"保护",因为人们更愿意谴责破坏环境的行为,而不愿表扬保护环境的行为。正是这一点不同,让作为旁观者的我们"不惮以最坏的恶意来揣测他人",同时也不舍以善意来表扬他人的行为。

诺博在其他类似情境中也得到了同样的结果。这些情境的差别同样只在于主体行为带来的副产品的道德意义,其实主观态度都是一样的。

然而,"副产品效应"的影响并不局限于对意图的推断,在某些情境下,人们甚至认为某些不好的"副产品"是行为人直接导致的。假如你又参加了诺博教授的实验,这次你首先碰到如下的故事:

在某系门口的接待处,接待员在她的桌子上放着一些笔。

按照规定,行政人员可以使用,但是教学科研人员却不应该使用这些笔。

行政人员通常会拿这些笔,而有时一些教员也会拿。

虽然接待员不断邮件提醒他们,这个情况并未改观。

一天早上,一个行政人员在接待处碰到史密斯教授,两人都拿了笔。第二天……

这个故事有两种结尾。

结尾 1:

一个行政人员需要接待员记下一条非常重要的信息,却记录不了,因为接待员发现抽屉没有笔了。

那么你认为,教授和行政人员,谁导致了这个问题呢?

结尾 2:

接待员试图用笔扎系主任的眼睛,但是由于所有的笔都被拿光了,他的计划失败,系主任的眼睛得救。

那么你认为,教授与行政人员,谁救了系主任的眼睛呢?

看到结尾 1 的大学生大多认为是教授导致了该问题。而在对结尾 2 的回答中,很少有人认为是教授的功劳。

"副产品效应"的存在,引发了学者们关于人类推理的争论:人类是像科学家一样来推理,还是像道德家根据道德后果来对人进行"审判"? 有学者认为人类在道德上的推理本质上是中性的、非道德的,只是由于情境或者其他因素的限制,让我们的判断受到干扰,偏离了"科学"的判断。但是诺博教授认为,人们在进行道德推理时,会将已经发生的事实与其他可能的但未发生的情况进行比较。当他人的行为带来消极结果时,我们可能在头脑中将该后果与无消极后果的情况进行比较,推断认为他人本来可以不作恶,但是却作恶了,因此是有意的;但是当他人不小心做了好事时,我们却认为本应如此,也就觉得没有什么值得表扬的。

不管这个效应究竟是什么原因引起的,它的存在已经说明:我们每个人的内心,都活着一个苛刻的道德家,让我们不惮以恶意来揣测他人。

集思≠广益

贼仔街

经验说：开会有助于沟通和理解。

实验说：开会的作用是让大家更坚定原有信念。

"我们开会讨论一下这个重要的问题吧。"

这句话你一定不陌生。当我们需要做出一些重要决策时，都会深信集思广益、沟通交流的道理，继而通过各种大大小小的会议来讨论问题，以避免个人的主观、武断。

但是，三个臭皮匠真的能赛过诸葛亮吗？相信一定有人经历过开会讨论出来的结论甚至不如自己想出来的周到这种事。心理学家通过研究发现，开会并不一定能商量出一个更好的结果，有时，团体的决策会比个人的更加极端、冒险、不理智，甚至荒谬。

团结是动力还是阻力？

一个优秀的团队通常意味着里面有令人信服的领导者和团结一致的成员，这些都使得团队能高效地运作。然而，加州大学伯克利分校心理学家菲利普·泰特劳克(Philip E. Tetlock)等人在 1992 年却通过研究发现,这种团队的两个特点恰恰是造成群体决策错误的关键因素。第一个是凝聚力,他们团结一致,具有相似的价值观,因而倾向于互相欣赏而较少批判。第二个是团体规范,这种无形的社会压力使得成员们都不敢直接向威严的领导者提出异议,也不敢公然反对他人以避免不和谐及内讧,以同意来表达对团队的忠诚。

这两个因素把有益的反对意见扼杀在摇篮里,团结一致的代价是批判性思维的缺失,导致了不理智的团体决策。

群体极化让你身不由己

人们常常认为群体比个人更保守、中立,为了避免主观、避免极端,重要的决定一般都交给群体而非个人。但事实真如常识这般吗?麻省理工学院的硕士詹姆斯·斯托纳(James Stoner)早在 1961 年就做了一个研究,他先让每个人对一个难题提出解决方案,然后再让这一群人对该观点进行讨论,得出共同认可的结果,最后发现讨论出来的解决方案居然比个人的更加冒险。后来有更多的研究人员进行实验,结果发现,如果被试对该观点的平均评价略为负面,经过讨论之后他们的评价都会变得更加负面;如果讨论前的平均评价略为正面的话,讨论过后就会更加正面。也就是说,讨论会强化团队内占优势的观点并使其更加极端。

另外,极端但清晰的观点对比起保守但含糊的观点更加能取得全体成员的一致同意。当讨论前每个成员都带有同样的倾向，便在讨论中不断推动原有观点以显示自己在团队中的价值，最终原有观点被越推越远越极端。

虽然团体做出的决策可能更加冒险，但每个成员却不会因此焦虑不安，毕竟团队承受风险意外的能力比每个人都要强，或者说由于责任分散，成员受到的压力更小。

微弱的声音被群体淹没

1986 年 1 月 28 日，1000 多名现场观众及数百万电视观众亲眼看见了美国航天飞机"挑战者"号离开地面 73 秒后化成一团大火。就在发射前一晚，两位熟悉航天飞机设备的工程师通过电话会议力劝美国宇航局推迟发射，并指出气温太低导致其存在严重的安全隐患，但发射日子早已定下，举世瞩目，万众期待，以致骑虎难下。

宇航局最终在决策过程中忽略了反对意见，并抛出连续 55 次成功发射的辉煌历史以显示他们无懈可击的实力，成员越发投入到准备工作中以增加万事俱备的错觉和志在必得的信心。在大量的支持信息面前，少量的反对信息变得微不足道。人总会期望得到团体的认可，甚至会有强烈的实现目标的愿望，此时团队成员会不断为自己的观点找依据、找理由，变得不像求真相的科学家，更像不断为己方找证据的律师。

每个人都会有这种信息处理偏差，同样怀有这种偏差的人组成团队,偏差就会累积起来越变越大,尤其当整个团队面临挑战时,他们总会为自己想要的决策寻找更多的支持证据。

说来说去,怎么好像人多反而帮倒忙呢,难道我们之前的各种会议、各种团体讨论都是白费心机的吗?其实不是,只有在某些情况下,群体成员过于相似,个人偏差在群体中得到积累,集思才反而不广益。

耶鲁大学的心理学家欧文·贾尼斯(Irving Janis)给我们提了一些建议来提高群体决策水平:

领导者应鼓励成员提出反对意见,且愿意接受对自己建议的批评;

讨论时领导应保持中立,待所有成员表达观点后,再发表自己的特定想法和期望;

把团队分成几组,独立讨论后再一起比较观点的异同;

邀请外来的专家参与讨论并提供专业意见;

每次会议都指定至少一名成员充当"反派",专门挑刺和提反对意见。

所以,群体是否能产生高明的决策,取决于是否能有人提出反对意见,是否能有人说出不同的想法,是否敢于承认自己的错误,是否愿意倾听他人……

给黑帮老大做心理测试

faye 菲

经验说：老大们很矛盾，表现得又讲义气又无情。

实验说：帮派成员有着更高的社会统治倾向和更低的信任倾向。

黑帮老大们更讲究兄弟情谊，还是都是冷血杀手？看《无间道》大呼过瘾的时候，你有没有想过打入帮派内部，了解帮派成员具有哪些人格特征？英国大都会州立大学的詹姆斯·丹什力(James A. Densley)和他的同事借助当地的帮派干预项目，考察了英国街头帮派成员的社会统治倾向和信任倾向。

对伦敦地区 95 名男性帮派成员的调查表明，在帮派中的等级、年龄和时间能很好地预测社会统治倾向和信任倾向。同时，高统治倾向和低信任倾向是相互关联的，帮派成员显现出的这一反社会人格可能是进入帮派时的选择过程以及加入帮派后的社会化过程共同导致的。最近几年，帮派成为英国城市街头暴力的焦点。社会学家杰西·匹兹(Jesse R. Pitts)曾提出，复杂的文化、经济全球化导致的社会和种族的排他性鼓励了等级制帮派的兴起。但微观方面对于帮派的团体动态和组内关系的研究十分缺少。桑切斯·杨科夫斯基(Sánchez Jankowski)提出的"反叛型个人主义"理论填补了竞争激烈的社会环境和帮派参与之间的理论缺失：生计压力使得贫民窟的孩子表现出竞争性、不信任、自我依赖、情感淡漠、生存直觉、社会达尔文主义(优胜劣汰)的世界观、挑战性，这些特征共同构成了"反叛型个人主义"的人格特征。

事实上，杨科夫斯基的"反叛型个人主义"与社会心理学理论中研究一般人群的"社会统治倾向"和"信任倾向"很相似，这意味着可以对该理论进行心理学的精确检验。高社会统治倾向的人偏好等级制，认为组内冲突是个体成功的必要条件。他们认为这是一个"狗咬狗"的世界，对资源竞争的结果是全有或全无。因此，"赢"是生存的必要条件。另外，杨科夫斯基指出，帮派成员的信任缺失是"反叛型个人主义"人格的重要部分。因此，研究者用社会统治和信任两种倾向来概括"反叛型个人主义"。

尽管在现实当中，白人和女性与帮派也有交集，但此次研究样本都是黑人男性，这一不成比例的取样反映了伦敦帮派的性别和种族组成。丹什力通过当地一个帮派干预项目招收被试，所有帮派组织都被邀请参与该研究。问卷在两个大型团体集会上(一次在娱乐中心，一次在当地餐厅)由两位熟悉帮派网络的联系员派发给125名帮会成员，研究者最终收集到了105份问卷。问卷询问了被试是帮会成员还是仅仅有联系；如果是帮会成员，被试需要填写

自己在帮会中所处的等级；然后被试被要求完成 16 个项目的"社
会统治倾向量表"和 5 个项目的"信任倾向量表"。

结果发现(见下表)，低、中、高等级的帮会成员社会统治倾向
(SDO)平均得分 70.56，接近英国监狱中的帮派成员(70.88)，比一
般监狱犯(51.52)和英国普通男性青年(40)高。而仅与帮会有联
系的人平均分为 34.88，与大众水平无显著差异。这一结果表明，
组内地位和社会化塑造了帮会成员的社会统治倾向。之前的研究
表明，普通人群中约有 40％的人认为大部分人是可信任的，而帮派
成员中该比例只有 18％。本研究中与帮会有联系的人信任倾向得
分为 1.56，低于帮派成员平均值 3.04(得分越高越不信任)，证实了
杨科夫斯基的反叛型个人主义人格理论。

不同等级、年龄和入帮会年限下的反社会倾向与信任倾向的均值及标准差

变量	类型	社会倾向 均值(标准差)	信任倾向 均值(标准差)	样本量
等级	与帮会的 联系程度	34.94(12.23)	1.56(1.46)	16
	低	59.67(24.30)	1.97(1.75)	30
	中	93.64(16.29	4.4(1.19)	39
	高	70.50(8.9)	3.3(1.49)	10
年龄	15～17	55.26(24.77)	1.97(1.64)	34
	18～20	69.00(32.76)	3.20(2.16)	25
	21～24	90.48(19.05)	4.26(1.32)	23
	25～27	81.00(16.35)	3.30(1.42)	10
	≥28	70.30(5.51)	3.67(1.53)	3
入会年限	＜1 年	33.33(13.60)	0.83(0.75)	6

续表

变量	类型	社会倾向 均值（标准差）	信任倾向 均值（标准差）	样本量
入会年限	1～3 年	57.54（25.60）	2.36（1.87）	47
	4～6 年	93.13（16.00）	4.52（1.20）	23
	7～9 年	87.28（18.06）	3.6（1.42）	18
	≥10 年	70.00（—）	4.00（—）	1

根据等级、年龄、入会年限划分的社会统治倾向（SDO）的均值和方差。SDO 取值范围为 16～112，均值为 70.59。信任倾向（Trust）取值范围为 0～5，均值 3.04，得分越高表示信任倾向越低。图片来源：研究论文

有趣的是，中等级别的帮会成员反而表现出比高等级更高的社会统治倾向和更低的信任倾向。原因可能是爬升到顶层的过程不能缺乏他人的支持及对他人帮助自己实现个人及集体目标的信任。另外，夹在中间的人除了组内竞争还会经历更多的组间斗争，以争取更多的利益，而残酷的斗争使他们时时感到受威胁。

在帮派斗争中充满野心、一步一步往上爬的人最可怕，比如

《天王流氓》中的这位小弟。

路径分析[①]的结果(下图)表明,与帮会接触的时间和在帮会中的地位会影响社会统治倾向,时间更长、等级更高的成员表现出更高的社会统治倾向。与之前的研究一致,年龄与社会统治倾向成负相关。等级能很好地预测信任倾向,而年龄和时间不能。

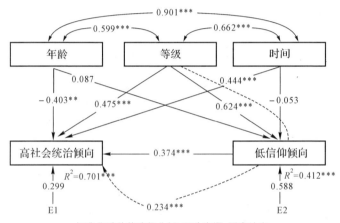

标准化系数的路径分析,图片来源:研究论文

该研究首次探讨了帮派成员的社会统治倾向,并且指出社会统治倾向和信任倾向是检验"反叛型个人主义"理论的理想工具。但研究者指出,时间、等级和社会统治倾向的关系理论上也可以反过来:也许正是那些社会统治倾向高的人才选择并且爬升到中高层。不管怎样,丹什力的研究给我们带来社会学群体研究十分有趣的视角,管中窥豹,你的上司有高社会统治和低信任倾向吗?

---

① 一种探索变量间因果关系的统计方法。

你要相信，老大哥在看你

艺 茗

经验说：慎独是最难的，每个人总是管不住自己。

实验说：如果不能直接接受群众监督，就想象有个人无时无
刻不在监督你吧。

你是否也养成了寻找"电子眼"的习惯？进入电梯，先环顾有
没有摄像头。没有？好吧，可以放心大胆地挖鼻屎、提裤子了。上
下班路上的摄像头也必须了如指掌，趁着没有摄像头违个免费的
章，好像占了个大便宜。

现代城市中，处处都能让人想起《1984》中的一句话——老大
哥在看你，使人不敢为所欲为。然而在过去没有实体监控的时候，
君子主张"慎独"，也有人用"三尺之上有神明"来劝诫自己和他人，
人们试图通过想象出来的"老大哥"约束行为。这些做法是否是自
欺欺人？

心理学家发现，只要心中有"老大哥"，人的确会更诚实。

诚实是为了名誉和免受惩罚

美国阿肯色大学的杰西·白令（Jesse M. Bering）、卡特里娜·麦克里尔德（Katrina McLeod）和联合佛罗里达大西洋大学的托德·沙克尔福德（Todd K. Shackelford）共同策划了一个关于"诚实"的实验。

他们找来一些大学生参加一个据说是智力测试的比赛，前几名有奖。但实际上这个测试并不测智力，它表面上是回答一些充满玄机的智力题目，实际上这些题目毫无逻辑，根本没有正确答案，因此就算智商高如 Sheldon① 也做不出来，只能靠蒙。而测试的玄机就在你蒙了一个答案之后，系统会貌似"不慎"地泄露出所谓的正确答案，诱惑你比对和修改自己之前的答案。

在测试之前，监考老师还会提醒参加测试的人：这个测验程序还在测试阶段，有许多 bug（故障），在题目和备选答案的页面之后，偶尔会出现正确答案；万一出现了，请大家直接跳过，不要修改之前自己所做的选择，因为只有凭借自己的实力答对题目，才能参加评奖，抄答案是不算数的。所以，在看过正确答案之后，你改不改自己的错误答案，这才是这个智力测验的真正目的。

说起来容易做起来难，知道了正确答案怎么能忍住不改？况且得了前几名还有奖品。所以，大多数人看到正确答案后，都修正了自己原先的错误回答。但是，有一组同学却表现异常，他们中的

---

① 库珀博士：《生活大爆炸》中的一个智商高达 187 的物理天才。

大部分人即使看了正确答案，知道自己做错了，也没有修改答案。

到底是什么让他们变得这么诚实？

原来，在比赛之前，这组同学都听了一个鬼故事：测试员在跟他们聊天的时候告诉他们，有个学生在这个智力测验的开发过程中贡献很多，但后来不幸去世了，前几天好像有人在这间屋子里见过他的魂魄。

正是这个看不见摸不着的魂魄，让这组同学表现得如此诚实。相信有鬼魂存在的人会觉得，这就是另外一个"人"。一般而言，在有他人在场时，人们都会注意自己的行为举止，在别人心中努力建立自己良好的形象和声誉。当着别"人"的面做违规的事情，当然是不可取的。

在人类历史上，大部分超自然的存在（比如佛、上帝以及实验中的鬼魂）都是和道德评判的形象联系在一起的。这些角色似乎有一种超能力，奖励那些表现好的，惩罚作了恶的，在无形之中进行裁决。不过，这些还都是假设，需要更多诸如上述实验那样的检验。

"老大哥"从小就有

肯特大学心理系的杰瑞德·皮尔萨（Jared Piazza）博士等人发现，我们可能在幼儿期就已经开始受到这种意识中的人物的影响。

当让小朋友完成一项规则严谨、但却不可能完成的任务时，大部分孩子会在没人的时候，选择违反规则，做出欺骗行为。但是那些被告知有一位会隐身魔法的艾丽丝公主在场监督的孩子,和实实在在真的有一个大人在场监督他们游戏的孩子一样,做出的欺骗行为都比较少。不存在的人物竟然和一个实实在在的人起到一样的效果,隐身观众的力量真的不可小视!

不过要注意的是,隐身观众的作用关键在于"引起被监视感",只有让被试觉得自己被人看着,才有作用。在会魔法的艾丽丝公主那里,有一些孩子会怀疑艾丽丝是不是真的存在。他们会采取各种方式验证,当发现隐身的艾丽丝并不存在时,他们就如入无人之境,规则什么的都抛诸脑后了。

你呢?作为一个诚实的人,是什么力量在指引?

人类可以阻止说谎吗？

hcp4715

经验说：说谎难道不是大脑活动吗？ 总能找到大脑技术来控制说谎吧。

实验说：对说谎的神经机制了解的确加深了，但现在还没办法用技术阻止说谎。

在社会生活中，谎言的普遍性似乎不必再多说。甚至还有研究发现，学会说谎是儿童成熟的标志之一。但同时，人类和谎言的斗争也是无止境的。无论是在审讯室、法庭等特殊场合，或是充斥着鸡毛蒜皮的家庭中，说谎与测谎的战斗每天都在上演。如果有一种技术，可以让人暂时丧失说谎能力，那我们就不会再因为自己没有《别对我撒谎》里面莱特曼博士的测谎能力而担心被骗了。

来自神经科学的希望

一般来说，说谎要比说实话更费脑力。神经成像的研究发现，说谎需要那些负责人类高级认知活动的脑区，如前额叶的参与，它在注意、控制、情绪调节等过程中起着至关重要的作用。不过，这些脑区参与说谎并不等于它们一定就是让人说谎的"中枢"。

为了验证这一点，认知神经科学家们运用了一个"重量级武器"——无创性脑刺激技术，比如透颅直流电刺激和透颅磁刺激。通过刺激大脑来改变特定脑区的活跃程度，然后观测人说谎的表现，研究人员就可以确定该脑区是否是欺骗过程中必需的"中枢"。

电流刺激，似乎行不通

2008 年，米兰大学的阿尔伯特·普瑞尔（Alberto Priori）等人使用透颅直流电刺激参与者的背外侧前额叶，初步发现，这样的刺激的确会让人们在说某个类型的谎言上花费更长时间。遗憾的是，这个研究并不能表明人类可以阻止说谎。

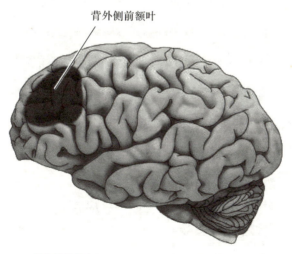

背外侧前额叶

背外侧前额叶（dorsolateral prefrontal cortex）的大致位置

德国的艾哈迈德·卡里姆（Ahmed Karim）等人使用透颅直流电刺激，抑制了另一个脑区——前额叶前部（anterior prefrontal cortex）。但结果却和研究者开了一个玩笑：这样做不仅没有减少说谎，反而加快了说谎的速度，提高了说谎的比例！

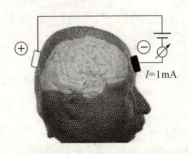

$I=1\mathrm{mA}$

卡里姆等人直流电刺激位置示意图

透颅磁刺激更具可能性

爱沙尼亚的英加·卡托纳（Inga Kartona）和塔利斯·巴赫曼（Talis Bachmannc）等人则使用透颅磁刺激抑制背外侧前额叶的活动，以检验这个脑区在说谎中的作用。实验者先对参与者的左侧或者右侧的背外侧前额叶进行磁刺激，然后让他们对呈现在屏幕上的圆盘颜色命名。参与者被告知自己既可以选择真实报告看到的颜色，也可以谎称他们看到了别的颜色。

研究者发现，对背外侧前额叶的磁刺激确实能影响人们说谎的频率。而且，对左右两侧刺激的效果并不相同。左侧的刺激会让人们说谎更多，而右侧的刺激则会减少说谎的比例。

阻止说谎，任重道远

不过,我们不能高兴得太早。由于自身的局限性,这个研究还不能表明透颅磁刺激一定可以阻止人们说谎。首先,背外侧前额叶参与的功能太多。研究者还无法断定透颅磁刺激是通过影响其他的因素导致谎言减少,还是确实降低了说谎这一特定的能力。而且磁刺激的实际影响范围可能超过背外侧前额叶,使得研究的结果更加扑朔迷离。其次,研究中的说谎本身并不是真正的欺骗行为,这也是大部分对欺骗进行研究的实验室面临的问题。尽管本实验中,参与者可以自由地说谎,但这种"自由"的行为,实际上也是研究者"操纵"的,他们在实验前要求参与者随机说谎。而且,志愿者说谎完全没有任何的好处,这与我们在日常生活中因特定目的说谎有所不同。因此,当涉及利益时,背外侧前额叶在说谎时是否仍然能够起到决定作用,只能靠以后的研究来证实了。

此外,该研究只用到了 16 个志愿者,人数过少,这一效果能不能推广到一般人群中还存在疑问。而且志愿者之间的个体差异十分明显,这可能表明磁刺激背外侧前额叶对某些人是适用的,但对其他人就无效。这或许与有人天生擅长说谎有关。

迄今为止,科学家们的研究成果还不能阻止人类说谎,但也加深了我们对说谎的神经机制的理解。说不定有那么一天,当有人做了坏事儿被审问时,就可以先给他戴个可以刺激大脑使其不得不说实话的头套了!

巧克力也动摇不了我的同情心

软星星

> **经验说：** 同情心让人类愿意出手解救危难中的同伴。
>
> **实验说：** 比起人类来，大鼠毫不逊色，它们也乐于解救困境
> 中的其他大鼠。

当他人陷入困境和忧虑的时候，我们会不自觉地产生共鸣并伸出援手，这些亲社会行为①被认为和同情心有很大的关系。人类和其他灵长类动物的亲社会行为早已被证实，然而对于非灵长动物的同情心我们却知之甚少。

《科学》杂志上发表过一篇很有趣的文章，神经生物学家和心理学家一起合作，向我们展示了啮齿目动物大鼠(rat)的内心世界。

兄弟，我来救你了

为了探索大鼠是否具有同情心，因巴尔·巴特尔 (Inbal Ben Ami

---

① 指对他人或者整个社会有益的行为，比如帮助和捐赠。

Bartal)、简·德希提(Jean Decety)和佩姬·梅森(Peggy Mason)等人设计了这样一系列实验：首先，将大鼠们两两分组住在一笼中培养感情，为避免实验结果是由交配需求所驱使，实验中所用大鼠90%以上为雄性。

两周后研究者将大鼠放入实验场所进行观察。实验组由一只自由的大鼠和它被困在装置中的同伴组成(装置只能从外部打开门，如下图)；剩下三组作为对照，分别由一只自由大鼠与空装置、一只自由大鼠与被困的鼠形布娃娃以及两只自由大鼠与空装置组成。

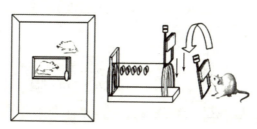

囚困装置示意图，来自：www.sciencemag.org

经过一段时间的观察后，研究者们发现，实验组中的自由大鼠表现得非常活跃，在囚困了同伴的装置附近不停跑动并撞击装置试图解救同伴，而面对空装置和布娃娃的大鼠则表现得非常悠闲。经历了一周左右的尝试，多数大鼠都成功地打开了装置的小门释放了同伴；而在与同伴团聚之后，作为解救者的大鼠在很长一段时间内都紧紧追随在同伴身后，显得异常兴奋。看来对于它们来说，救出同伴是一件重要的、值得庆贺的事情。

秋水两相望，不阻侠义肠

与许多物种类似,大鼠也很喜欢与同类进行肢体的接触和抚蹭。那么大鼠拯救同伴的动机是否混杂着想要和同类进行接触的目的呢? 为了排除这个可能性,研究者们设计了一个分离装置(下图)。与上图装置不同的是,分离装置场地的中央设有隔板,被困大鼠获救后只能逃向隔板的另一边,而无法与同伴相聚。结果发现,无论是能抚蹭嬉戏还是只能隔墙相望,自由大鼠都会积极地解救同伴。

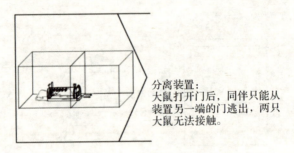

分离装置:
大鼠打开门后，同伴只能从装置另一端的门逃出，两只大鼠无法接触。

分离装置示意图,来源:www.sciencemag.org

人类社会 vs 大鼠的小世界

关于同情与救助他人的方面,这些长相憨憨的小动物的许多行为都与我们人类非常相似。

比如说,人类遇到危难时会大呼救命。被困的大鼠也会发出求救信号,只不过是以一种我们听不到的方式。探测器显示被困大鼠会发出约 23 千赫兹的超声波来呼唤自由大鼠的救援,自由大

鼠则会在同伴的呼救声中焦急而奋力地寻找开门的方法。装置打
开之后,超声波就几乎探测不到了。

人们常常感叹"女人就是容易心软",相同情况下,女性会更容易
被打动,也更富有同情心。其实在大鼠中也有相似的情况。雌性大
鼠会付出更多的精力去寻找打开装置的方法,而将已经学会开门的
大鼠再放入同样的实验环境当中,雌性大鼠也会更加迅速地、毫不犹
豫地解救同伴,似乎不忍心看同伴再多受一分的苦。

性格不同的人行事也会大相径庭,这是我们都知道的道理。
大鼠实验也表明,性格特点可能在亲社会行为中起到重要的作用。
胆子比较大的大鼠在解救同伴的实验中表现得更好,而那些最终
没有成功打开装置的大鼠多数比较胆小。这与我们生活中胆小怕
事者很少对他人伸出援手如出一辙。

解救同伴 vs 巧克力的诱惑

现在我们知道了,大鼠与灵长类动物一样是具有同情心的,那
么接下来就得问问它们:喂,解救同伴这件事在你们心中有多大的
价值?

大鼠们没法向我们表白内心的想法,于是研究者们就选取了
一件对大鼠极具诱惑力的筹码——巧克力——作为衡量价值的工
具。这是大鼠极其喜爱的食物,有巧克力吃就绝对不会碰鼠粮,而
且平均每只大鼠都能吃掉 7 颗以上的巧克力。现在,抉择的时刻
到来了,自由大鼠的面前放着两个装置(下页图):一扇门后是 5 颗

香甜诱人的巧克力,另一扇门后是朝夕相处的同伴。先解救同伴会面临巧克力被抢夺的危险,先去吃巧克力又要在同伴的呼救声中忍受煎熬。到底要先选哪一边?

同伴 vs 巧克力装置示意图,来源:www.sciencemag.org

　　看到这里,或许你会想:老鼠们真笨啊,这有什么可纠结的,显然先去把巧克力吃光再去救出同伴是最佳的选择啊! 随着实验结果的揭晓,你会发现大鼠远比我们想象的还要有爱心。

　　选择先去打开同伴的门和先去享用巧克力的大鼠数量各占一半,看来解救同伴和获得最爱的巧克力在大鼠心中是同等重要的。但令人惊讶的是,那些先打开巧克力装置的大鼠中有6成只吃掉了3.5颗左右的巧克力,把剩下的留给仍然被困的同伴出来后享用;而对照组(巧克力装置＋空装置)中的大鼠无一不痛快地吃光了5颗巧克力。

　　这些较灵长类低等的萌萌的大鼠,用它们的行动告诉我们:亲社会行为,我们也有! 我们也怀有"好东西要和好朋友一起分享"这一亲切可爱的感情!

刻章救妻：为何会陷入道德两难？

hcp4715

> **经验说：** 在我们做出和道德有关的抉择时会有一种普遍原则在起作用。
>
> **实验说：** 大多数人不会想许多道德原则，而只是根据情绪或者情感来做出反应。

　　道德虽令人敬畏，但在每个人心中却有不同的执行标准。正是对于道德的不同标准，使得人们在看到当年一则"丈夫为救妻用假章骗医院 17 万"的新闻时感慨万千。真实的故事和道德心理学家劳伦斯·科尔伯格（Lawrence Kohlberg）的著名实验中的故事如出一辙，正是这个实验让人们对道德的产生和发展有了新的看法。

你的道德水平出于哪个阶段？

　　故事还得从 20 世纪 50 年代讲起。科尔伯格为了研究儿童的道德判断能力是如何逐渐发展起来的，使用了一个现在最为心理学教师所喜爱的（也因此不断出现在心理学教材、论文中）海因兹偷药的故事——

一个叫海因兹的人，他的妻子身患重病，濒临死亡，只有一种药能解其绝症，但发明此药的医生却坚持卖高价。海因兹凑不到足够的钱，只能去偷药救妻。

然后科尔伯格便询问研究参与者，此人该不该偷药，为什么？

和一般人看到这个故事的反应不同，科尔伯格关心的不是"该不该"，而是"为什么"，因为"为什么"是这个人做道德判断时的推理。他根据人们不同的道德推理将道德发展分为三个水平六个阶段：前习俗道德(preconventional morality)、习俗道德(conventional morality)和后习俗道德(postconventional morality)。

前习俗道德水平的道德推理是基于他律的和自我利益的规则来进行。处于这一水平的前一阶段，对道德的判断标准来自服从和惩罚。处于这个阶段的儿童可能会认为海因兹偷药是错的，因为他违反权威所制定的规则(即法律)，在他们看来，服从权威是对的，不服从就错了，因为不服从会被惩罚。

稍大一点的儿童则开始根据自己的利益进行道德判断。他们会认为海因兹的行为无所谓对错，只要符合他自己的利益就行。如果他爱他的妻子，挽救他的妻子符合他的利益，则他偷药是对的，只不过冒着被惩罚的风险；如果他不爱妻子，可以再娶一个年轻漂亮的妻子，则偷药是错的。

这两种判断的推理均被认为是"前习俗水平"，因为这时候的儿童还没有学会从社会或者群体生活的角度来考虑道德问题，而将这个问题看作孤立的个人问题,要么是害怕惩罚,要么是仅仅无视社会规范只看个人利益。

稍大一些的儿童就进入"习俗道德水平"的道德推理阶段,这是基于人际关系和社会秩序等社会性规则来进行的。这时候的儿童和青少年在对自己的判断进行推理时开始重视人际关系的重要性,并且强调意图的作用。他们会认为,海因兹的出发点是好的,是为了维持良好的家庭关系,但是卖药的医生却只想赚钱,用意实在是太坏了!因此他们认为海因兹是对的。

但再大一点的青少年就不这么认为,他们的视角更加广阔,能够将整个社会作为一个整体来看待。他们理解海因兹的困境,但是却不同情偷窃行为,因为他们认为整个社会需要一个整体的制度,个体不能违反社会的制度。能够进行如此推理的青少年就进入了"维护社会秩序阶段"。这两个阶段的推理均以社会关系和社会习俗为基础,因此均被认为是习俗水平。

后习俗道德水平的道德推理是基于社会契约和普遍道德原则的规则来进行的。达到这一阶段的年轻人已经不再受到现有社会制度的限制,而是会考虑在一个理想的社会中,人们应当如何行为。他们认为社会契约和个人自由才是一个良好社会的基础,个人应当享受一些不受剥夺的权利:如生命和自由,且这些权利是与生俱来的,与权威无关。因此当这些年轻人回应海因兹的问题时,他们认为一般而言,偷窃行为是错的,但是在海因兹的事件中,他的妻子应该有生命不被剥夺的权利,而海因兹是在捍卫她的生命权,所以是道德正确的;法官在对海因兹事件进行判决时,应该给这种道德正确性更大的权利。

科尔伯格道德发展阶段

一个叫海因兹(Heing)的人,他的妻子身患重病,濒临死亡,只有一种药能解其绝症,但发明此药的医生却坚持卖高价。海因兹凑不到足够的钱,只能去偷药救妻。

然后科尔伯格便询问研究参与者,此人该不该偷药,为什么?

道德水平	道德阶段	社会倾向	判断
前习俗水平	1	服从和惩罚	偷药是错的。
	2	个人利益	如果他爱他的妻子,挽救他的妻子符合他的利益,则他偷药是对的,只不过冒着被惩罚的风险;如果他不爱妻子,可以再娶一个年轻漂亮的妻子,则偷药是错的。
习俗水平	3	良好人际关系	海因兹的出发点是好的,是为了维持良好的家庭关系,但是卖药的医生却只想赚钱,用意实在是太坏了!因此他们认为海因兹是对的。
	4	维护社会秩序	理解海因兹的困境,但是却不同情偷窃行为,因为他们认为整个社会需要一个整体的制度,个体不能违反社会的制度。
后习俗水平	5	社会契约、普遍道德	一般而言,偷窃行为是错的,但是在海因兹的事件中,他的妻子应该有生命不被剥夺的权利,而海因兹是在捍卫她的生命权,因为是道德正确的;法官在对海因兹事件进行判决时,应该给这种道德正确性更大的权利。
	6	正义原则	在海因兹和卖药的医生都不知道自己在社会中所处地位的情况下,他们制定的最符合自己利益的规则才算正义。在"无知之幕"后,海因兹和卖药的医生均会同意:挽救海因兹的妻子是最佳选择。

科尔伯格认为的最高阶段是基于普遍、正义的道德原则进行道德推理,其所指的原则主要是基于康德和罗尔斯的理论,他认为,在海因兹的两难中,个体应当假定所有的人都处在"无知之幕"

下，决定以最符合每个人利益的方式来行事才是正义的。也就是说，在海因兹和卖药的医生都不知道自己在社会中所处地位的情况下，他们制定的最符合自己利益的规则才算正义。如果卖药的医生对自己在社会中的角色毫不知情，则他不可能把药价定得过高，因为揭开"无知之幕"后，他可能是一个需要药的人，定价过高无疑会坑了自己。因此，在"无知之幕"后，海因兹和卖药的医生均会同意：挽救海因兹的妻子是最佳选择。但是科尔伯格发现，很少有人能够达到这样一种推理境界，因此他将此水平称为"理论上"的水平。

道德源于正义还是关爱？

科尔伯格的道德发展理论提出不久后，就遇到了一些反对的声音。女性心理学家卡罗尔·吉尔干(Carol Gilligan)就认为，科尔伯格的道德原则只有一个："正义"。而广大的女性同胞并不觉得这是唯一的道德准则。在她们看来，关爱是另一个非常重要的道德原则，而且女性可能比男性更加看中这一道德原则。那么在海因兹的两难中，女性同胞可能会认为，海因兹出于保护和挽救妻子的原则，被迫去偷药是正确的行为。

很明显，像海因兹对妻子的这种关爱很难在实验室中操纵，于是研究者们在实验室设计了类似关爱的另一个版本——共情。通常当我们看到自己所关心的人处于痛苦之中时，我们自己也会感受到一种切身的痛，这种感受就是共情。在绝大部分时候，共情会促使我们付出代价来帮助他人。与我们越亲近的人,共情程度越高,我们愿为之付出的代价就越高。那么,当共情与正义两种美德相冲突时,人们如何决策?

丹尼尔·巴特森(Daniel Batson)的研究发现,当共情与公正原则或者集体利益相冲突时,人们不自觉地会选择偏心于共情的对象,而违背公正的原则或者忽略公共利益。巴特森让实验参与者将另外两名参与者(A 和 C,但实际上并无此二人)以一种公平的方式分配到积极或者消极任务下。

在积极任务中,如果反应正确,就会得到 30 美元的代金券,反应错误也无惩罚;在消极任务中,正确反应无奖励,但反应错误会遭到电击。在进行分配前,参与者被分成三组,一组完全不了解 A 和 C 的信息;一组会看到一些关于参与者 C 的信息,里面讲述 C 最近刚失恋,非常低落,需要一些正面的体验来帮助他恢复过来,研究者要求这组参与者从一种客观的角度来阅读这段信息;最后一组同样会阅读关于 C 的信息,但研究者要求这组参与者要从 C 的角度来体验一下 C 的感受。然后,三组参与者将写有 A 和 C 的纸条分配到积极任务和消极任务之下。与研究者预期一致的是,当参与者认真体会 C 的感受时,他们更多地将 C 分配到积极任务之下,而非采用随机的方式公正地将两人进行分配。

考虑到在这个实验中,行为是否公正的意义可能不是十分重大,所以在后续实验中,巴特森等人又设计了更困难的情境。他们让实验者决定是否将一个虚构出来身患绝症叫谢莉的儿童在一个特殊护理的等候名单中提前，这样她可以更早地接受到"品质人生基金会"的护理，而让她在生命的最后一段时间里过得更开心。

实验者告知每个参与者，"品质人生基金会"是根据每个儿童的申请时间、对护理的需求程度和预期生命的时间进行排序的。参与者在做出是否让谢莉插队的决定前，听一段对谢莉的采访，录音中谢莉声泪俱下地讲述自己因为肌肉瘫痪所遭遇到的各种痛苦。研究者告诉一些参与者以客观的角度去听这段录音，而告诉另一些人从谢莉的角度试着感受谢莉的痛苦。统计两组参与者的决定结果后发现，当参与者从谢莉的角度来听录音后，他们更多地会不顾其他排队的儿童而将谢莉的排名提前，即使这些儿童可能更需要护理。

共情不仅会影响人们在决策时忽略公正的原则，也会让人们更少地关注公共利益。在另一项研究中，巴特森检验了在公共资源两难中，对某个个体的共情产生的影响。假如你参与了这个实验，研究人员告诉你，你将与其他 3 个陌生的同学一起玩两轮游戏：在每轮游戏开始时，每人有 8 张兑奖券，这些兑奖券可能会赢得 30 美元的代金券。你可以用三种方式来处理这些兑奖券：自己留着、送给某个成员或者投资给集体，集体得到的投资会升值 50% 后平均分配给每名成员。比如如果仅有 1 名成员将 8 张兑奖券投资给集体，则这 8 张兑奖券升值为 12 张，然后分给每名成员 3 张。每个人的分配方案是保密的，仅自己知道。

情绪怎样影响道德判断?

女孩谢莉身患绝症已被列入特殊护理等待名单。

特殊护理可以让她在生命的最后阶段过得更快乐。

特殊护理是根据每个儿童的申请时间、对护理的需求程度和预期生命的时间进行排序的。

你可以利用职权将谢莉的排名提前。

这时,你会帮谢莉"插队"吗?

大多数人很多时候根本不会想这么多的道德原则,而只是根据自己的情绪或者情感做出反应。

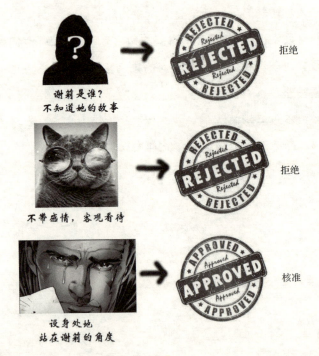

谢莉是谁?
不知道她的故事 → REJECTED 拒绝

不带感情，客观看待 → REJECTED 拒绝

设身处地
站在谢莉的角度 → APPROVED 核准

与前面的研究相似,你可能会在分配兑奖券前以一种客观的角度阅读另一小组成员(迈克)的不幸经历,或者,如果你在另一个

组,则需要从迈克的视角来阅读他的不幸经历。结果表明,当从迈克的视角来阅读他的不幸经历时,参与者会对他产生更多的共情,同时也会更多地将兑奖券送给迈克,而投资给集体的兑奖券则明显少于那些以客观视角阅读或者未阅读迈克经历的参与者。

科尔伯格在对道德发展进行研究时,发现只有非常少的人能够达到最后的普遍道德原则的阶段。巴特森(以及其他心理学家)的研究则指出,科尔伯格可能想多了,其实我们大多数人很多时候根本不会想这么多的道德原则,而只是根据自己的情绪或者情感(共情是一种)来做出反应。这可能是由于在演化中,我们的祖先生活在非常小的社会圈子里,只需要对自己非常了解的人进行道德判断,所以大脑很少能够处理抽象意义上的正义,在熟人和陌生人之间进行选择时,往往偏向熟人的那一边。

医生的痛，你为何不懂？

hcp4715

经验说：世界是公平的，得到恶报的自己肯定有什么不对吧？

实验说：因为没有激起你的情感，所以你会冷漠看待无辜者的不幸。

　　哈尔滨医科大学青年医生王浩被患者刺死之后，换来的不是人们对医生的关心与同情，反而有人立刻想到了"收红包"，开始从被害者身上找原因。在疾病面前，医生和患者本该是同一战线上的亲密战友，然而他们却把手上的矛和盾指向对方。为何一个无辜年轻人的倒下换来的不是同情反而是敌视？

　　当朋友处于痛苦之中时，我们会感到痛心；当看到婴儿哭泣时，我们会感到怜悯；当看到无辜的人遭受灾难时，我们会感到同情。这种对他人痛苦的感同身受、怜悯、同情，促使我们向他们伸出援手，让处于痛苦之中的人尽快解脱。这种让人能够感受到这些情绪并促使我们做出帮助行为的能力，在心理学上叫作共情。

　　然而，如此美好的共情，并非对每个"他人"都会产生，因为共情的代价往往可能是舍弃自身的一部分利益来帮助他们，就像要花时间安慰失恋的朋友，花精力为朋友的权利而奔赴呼号。有两个因素可能会影响我们这些情绪及我们的帮助行为。

同情：只对具体的个人

1987 年，美国得克萨斯州一个女婴被困在井里。当这个事件被广泛报道后，对这个女婴感到同情的人们一共捐了 70 多万美元来营救这个婴儿。如此巨额捐款，完全可以用来拯救更多儿童（如资助贫民窟儿童的健康和教育）。但现实中美国人并未为拯救或者改善更多儿童而捐款，难道他们只是虚伪？其实只是他们无法对那些无名的受害者产生同情。

博弈论学者托马斯·谢林（Thomas Schelling）很早就已经指出这样一个事实：当看到一个活生生的人在你面前死去，你会感到焦虑、内疚、敬畏、责任等；但换成面对死亡统计数字时，这些情绪都消失了。具体而言，只有发现受害者是一个具体的有血有肉的人时，情绪才会被激发，共情才能产生；当受害者无法确定时，对他们的同情和怜悯会大大减少。

那么谢林的洞见是否正确呢？卡耐基梅隆大学的研究者德博拉·斯莫尔（Deborah A. Small）和乔治·勒文施泰因（George Loewenstein）用两个实验来检验了这个假设。为了避免姓名、性别、年龄等因素的混淆，他们检验了最简单的确定性，也就是被试是否知道受害者是一个确定的人，即使完全不知道这个人是谁。

　　在第一个实验中，10 个互不认识的参与者来到实验室后，研究人员给了每人 10 美元，随后让他们玩一个"抽奖"游戏：抽一张卡片，如果是"留"字，则 10 美元还是你的；如果卡片上写着"输"字，则你的 10 美元要还给研究人员。抽到"输"字的参与者就成了"不幸的人"。接着，研究人员让一个"不幸者"和一个还留着 10 美元的"幸运者"按编号进行随机配对，告诉幸运者他们可以决定给不幸者一部分钱，或者不给；给的话，数目自定。

　　实验的关键在于研究人员让幸运者什么时候做决定：配对完成之后还是配对之前。如果在配对之后做决定，幸运者面临的问题是自己是否要分给一个特定的不幸者（比如 5 号）一部分钱；而如果在配对之前决定，则幸运者要决定自己是否分给某个不幸者一部分钱。

　　两种情况唯一的差别在于，对幸运者而言，分钱的对象是否已经确定。然而，就这么一点点确定性的差距，让配对后的幸运者比配对前的幸运者多给 60% 的钱。

　　第二个实验重复了这个实验的结果，并且幸运者报告了自己对不幸者的同情和怜悯的程度，证实两种情绪与他们分钱的数目呈正相关。

　　仅仅增加一点点确定的信息，人们对不幸者的同情和帮助行为都会明显提升。如果增加更多的信息，让不幸的事实与普通的人更加息息相关，则可能会让他们更加感同身受，从而产生更多的同情和关切。

　　然而有时即便对事实十分了解，人们仍然冷冰冰地不能产生一丝共情，这可能涉及社会心理学另一个更加核心的问题：内外群体之分。

他们的痛，也许不是痛，而是快感

　　早在 1989 年，约翰·兰兹塔（John T. Lanzetta）和巴兹尔·英格力斯（Basil G. Englis）两位研究者就发现，人们看到群体外的人承受着痛苦时，可能不但不会与他们共情，甚至还会感到轻度的快感。多伦多大学的珍妮弗·古特赛尔（Jennifer N. Gutsell）和迈克尔·因兹利奇（Michael Inzlicht）使用脑电研究也发现，当我们观察到群体内成员悲伤时的大脑活动模式（指标为：波震荡 alpha oscillations），与自己悲伤时大脑表现出的模式相似；但是当这个悲伤的人来自外群体时，却不会出现这种相似性。如果我们对这个群体有偏见的话，那这种活动模式之间的差异会更大。

　　2010 年，苏黎世大学的格里特·海因（Grit Hein）等人采用神经成像的方法，发现人们不仅更容易对群体内成员共情，而且与共情相关的大脑活动可以预测随后的帮助行为。

　　研究者选择了本地足球队（A 队）的粉丝作为实验的参与者。参与者来到实验室后，会与 A 队的另一个粉丝（实为实验助手）组队，实验者会给他们印有 A 队队徽的护腕。然后，两人与另外一个两人小组（均为实验助手）进行一个足球知识竞赛，而他们均是 A 队对手——B 队——的粉丝。实验故意让参与者所在的两人小组总是胜利,以增加组内的合作气氛。

热身完毕,实验开始。参与者先要接受高、中或低三种疼痛水平的电击,或者看到自己群体内的成员或者其他群体成员接受这三种水平的电击。接受电击或看到他人接受电击后,他们报告自己的感受。然后参与者再次观察群体内成员或者外群体成员处于电击之下,但这时研究人员提供给他们三个选择:第一,自己帮助对方分担一半次数的电击;第二,看视频,眼不见心不烦;第三,看着他人被电击。

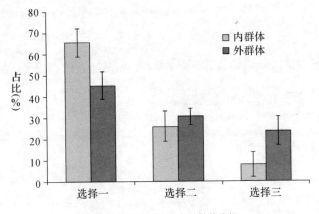

参与者面对他人被电击时做的选择

从参与者主观报告的数据来看,当他们自己被电击或者看到同伴被电击都会很痛苦,但是他们对群体外成员被电击的感受却没有这么消极。当面临实际选择时,这种群体内外的差别更加明显:看到自己人(内群体)受苦时,参与者60%以上的情况会去为其分担痛苦;而面对"他们"(外群体)时,这个比例大大下降。

大脑活动的结果与行为选择是一致的。当看到内群体成员被电击时,参与者的大脑活动模式与自己被电击相似——主要是前岛叶活动,也就是说他们能切身地体会到他人的痛苦。这种共情的大脑活动模式与帮助行为呈正相关。但是当电击的对象变成外群体成员时,一方面岛叶的活动减弱,另一方面伏隔核①更加活跃,伏隔核的活动可以预测参与者拒绝帮助外群体成员。

当然还有一些其他的研究,这些研究都在向我们指出:我们的同情以及帮助行为,很多时候仅限于我们的群体之内。

如何缩小对内外群体成员之间的差异

罗马城不是一天建成的,内外群体之分也并非短时间就可以消除。但是心理学的研究仍然可以为我们提供一些有价值的参考。

首先,让受害者的身份具体明确,而非简单地贴一个带有群体刻板印象的标签。

当然,更重要的问题是如何消除群体的分割。一个方法是加强群体成员之间的交流,很多时候,某个群体的一个个体,就可以扭转他身边的人对整个群体的看法。另一个方法是重新分组。社会心理学里长期认为刻板印象和偏见是内隐的、稳定的和不受意识控制的。这种观点给很多人带来一种印象:我们的努力可能无

---

① nucleus accumbens,这个脑区是奖赏回路的一部分。

法改变我们对他人的偏见。然而，威廉·坎宁安（William A. Cunningham）研究小组却挑战了这种观点，认为我们的态度（包括偏见）是一个不间断地加工的过程。如果我们改变最初始的信息，随后的态度和行为都会产生巨大的变化。

在一个研究中，他们把参与者随机分成两个组，每一组都包括白人和黑人，告诉他们两个组会玩一个竞争的游戏。仅仅这样的一个拥有更多人种的分组，就会改变我们的知觉、情绪和行为。一般而言，我们对外族的面孔更加敏感，比如我们很容易就可以从一群亚裔中找出一个非亚裔。但是混合分组之后让同一组内的白人和黑人不再对异族面孔敏感，而是偏好于群体内成员的面孔。

所以，换一个视角，可以让我们都是"自己人"。在疾病面前，医生和患者在同一条战线上，在很多时候医生和患者也都是一个群体。在暴力之下，他们都是受害者；在不合理的制度之下，他们都受到压迫；在无良的媒体宣传之下，他们都产生了偏见；而在法律面前，他们都是平等的公民。

◤ 心事鉴定组再说两句

限于篇幅，hcp4715 没有来得及写"公平世界假象"，在此简单说几句。我们常常有一种幻觉，认为世界是公平的，每个人的运气都是一定的，"情场得意赌场失意""好人有好报"之类的想法都是"公平世界假象"。所以我们也时常陷入一种奇怪的逻辑，认为"可怜之人必有可恨之处"，但有时候可怜人只是一个无辜的不幸者。

我们为什么爱 "攒人品"？

笔逸霜菲

> 经验说：好人有好报，助个人为个乐会给我们带来好运。
> 实验说：将无法控制的事件与人品联系起来能够增强自己对整个事件的控制感。

不论我们再怎么努力，生活中总有些事到最后只能"听天由命"。递交了自己精心制作的简历之后，只能等待公司的电话通知；考试前认真准备，可出成绩前也只能期盼分数能够让自己满意……

在我们控制了所有我们可以控制的方面后，能决定我们最终结果的往往是那些我们控制不了的，像别人的一个决定、一个偶然的因素等。但我们总是相信"老天是公正的"。

一项最新的心理学研究发现，当人们在等待一个自己无法控制的结果时，通常会更愿意做一些助人的事，希望以此来增加自己的好运。也就是所谓的"攒人品"。

"这是你应得的"

人们相信"善有善报，恶有恶报"。虽然也许你会告诉我你不相信"因果报应"之说，但不论从道德还是法律层面来说，"惩恶扬善"的信念是根植于社会的期望中的。若是出现什么意外的惊喜，或者难以接受的事情，这种信念也会帮助我们迅速将心态调整好。我们会告诉自己，"一定是之前帮了 ×× 一个大忙才会有这样好的运气"或者"我上辈子肯定干了什么对不起 to 的事情"。心理学研究认为，类似上述的想法可以让人们尽量对自己得到的结果感到满意。总之就是，你得到了你应得的。

攒"人品"：为了好运而做好事

既然人们这么喜欢把做好事和得好报联系起来，那当人们希望有好运的时候会不会为了得好报而去做好事呢？

来自弗吉尼亚大学心理学家本杰明·康沃斯（Benjamin A. Converse）领导的研究小组用一系列实验对这个问题进行了探究。

在第一个实验中，一部分参与者需要回忆一些他们无法控制其结果的事件。他们被要求写下自己正在等待结果并且对自己非常重要的事，比如求职面试、考试分数或是医疗检验报告。另一些被试只需要写下自己日常生活的某个片段。

当参与者得到被试费，以为这个实验结束了的时候，主试会询问他们是否愿意额外参加一项这个实验室的志愿工作，而这个工作可以为慈善团体筹募资金。

实验结果如研究者所料,回忆起自己无法控制结果的事件的那组人中,有更多的人表示愿意参加志愿活动。而且,在一项后续实验当中,当这类参与者在消磨实验结束前的一小段时间时,也有更多的人选择参加一个简单的网上慈善活动,而不是娱乐活动。

在第二个实验中,参与者需要面对一些选择,这些选择有的关乎自己的人生发展(比如是留在学校里继续读书还是工作)。这些问题往往较难给出明确答案,并且答案也并不完全由自己的意志决定。另一些则是非常通俗的问题,像午饭是吃比萨还是汉堡。参与者会在拿到被试费后被询问是否愿意捐一些给某慈善机构。与前一个实验一致,那些回答了自己毫无控制感的问题的被试,总体捐出的善款更多。

现实中的"攒人品"效应

既然研究者的假设已经在实验设置的情境下得到证实,那如果将他们的发现应用于现实世界的场景中,结果会不会也是如此呢?

在第三个实验中,研究者以糖果作为报酬招募了 77 名求职者参加实验。他们中的一些人需要思考求职中自己无法控制的方面(比如能不能找到新工作),另一些人思考自己可以控制的方面(比如要不要多了解一些这个行业的知识)。完成调查后,主试会告诉参与者,他们实际的报酬是 100 美元,并且主试会询问他们是否愿

真
的
是
假
如
的
假
的

意捐些钱给慈善组织(0～100 美元都可)。那些思考自己无法控制的方面的人捐得更多。

做好事，让你更乐观

研究者认为,我们面对未知的结果时,有关因果报应的"攒人品"系统就会自动启动。在残词补全的测试中,更多地会使用因果报应(karma)、运气(luck)、命运(fate)此类词来补全。可见,在被试脑中的确出现了类似因果报应的说法。将那些自己无法控制的事件与人品联系起来,与你是否真正相信因果报应的说法没关系。这么做其实是为了增强自己对整个事件的控制感,从而让自己对事态感到一丝乐观。

在另一项实验中,那些回忆起自己求职的无力处境,并且选择参加慈善活动的求职者,对自己的求职前景会表现得更加乐观。

虽然每个人不是都像宗教信徒那样强烈地相信宿命和业障因果,但我们也总希望好人一生平安、坏人得到应有的制裁,也希望自己的努力能够有回报。当我们觉得周遭的生活完全超出控制,便很容易去通过宗教或其他方式寻求慰藉。但由此看来,这样的想法也不一定就是逃避现实,因为它给了一些人继续活着的意义和在这世间前行的力量。

中秋节送月饼，是心意还是负担？

0.618

经验说：收到礼物总是战战兢兢的，因为，对方指着我们
还啊。

实验说：礼物承载的互惠原则使人类社会的分工合作和等价
交换成为可能。

离中秋节还有大半个月，可是早在两个月前就可以看到月饼
广告了。中秋节的魅力不在于月饼，月饼的魅力不在于好吃，而在
于人们有了一个送礼的理由，中秋节拉开了接下来圣诞、元旦、春
节、元宵节交换礼物的序幕。别以为收到礼物之后就可以过上幸
福的生活，其实脑袋不能休息，要继续盘点收了哪些人的什么礼
物，即使不能本着"滴水之恩当涌泉相报"的原则回赠，至少也要找
机会等价奉还。

得到的总是要还的

小孩子最喜欢过年收压岁钱，却不知道自己有多少进账就意

味着父母有多少花销。亏欠的感觉总是搅得人不能安宁,似乎这种人际交往中的"逆差"不消除就不能平等地交往,还会生利息。所以当你抱怨这几年结婚的亲友、同事太多都没钱随份子的时候,他们也在着急,欠下这么多人情,来日该如何偿还。

日本人在给予他人(尤其是陌生人)帮助或送礼物时都会比较谨慎。因为在他们的文化中,所有"情义"都要毫厘不爽地报答,否则就会被认为人格破产,所以在给别人帮助的同时也是在给他增加负担。

其他文化中虽然没有那么严格,但这种报答别人恩情的行为却是人类共有的。心理学上称之为"互惠"。

康奈尔大学的心理学家丹尼斯·雷根(Dennis Regan)曾经在 20 世纪 70 年代做过一个推销员实验,巧妙地利用了人们的"互惠"心理。他让助手指导参与者填写调查问卷,完成之后宣布实验结束,"顺便"请参与者帮忙买几张彩票,"买一张算一张,越多越好"。参与者不知道这时候才是实验的关键时刻,还以为只是助手的私下行为,他们平均每人会花上 25 美分买 1 张彩票。但在另一种情况下,平均每人却买了 2 张,甚至有人买了 7 张。

是什么办法让人们购买的彩票数量翻了倍?在后一种情况下,助手趁参与者填写问卷的时候出去买了两罐饮料,回来随手分给了参与者一罐。虽然只有 10 美分,但参与者还是感受到了交往中的逆差,买彩票给了他们一个机会去平衡这种心理上的不适。

"互惠"无形中起到了强制消费的作用,得了别人的好处就不好意思不有所回报。如果不买饮料，参与者购买彩票的数量基本取决于他们对助手的喜爱程度，而在送饮料的情况下，那些对助手印象并不好的人也购买了彩票。有些时候我们明明知道不该掏腰包，但"免费试用"过产品之后总是变成"用一次就再也离不开它了"。真的是因为"离不开"吗？只是不好意思白用罢了，最后还是为"免费"埋了单。

吝啬鬼更爱"给予"

"吃人家的嘴软，拿人家的手短"是人之常情，要想不陷入互惠的本能，开始就该认清"免费"的本质。

送出去的礼物就像"免费试用"一样，看似把资源无私地分给了别人，但实际上并未真正失去。对这一点，精打细算的"吝啬鬼"们最清楚。真正吝啬的人对自己小气对别人大方，因为钱花在别人身上可以看作是一种投资。2010 年，密歇根大学市场营销学教授斯考特·里克（Scott Rick）让参与者们在功能性核磁共振成像仪中想象自己用 50 美元买了一杯水，吝啬者比挥霍者感到更多痛苦，然而如果让他们想象水是买给别人的，吝啬者的痛苦则减少到了跟挥霍者差不多的水平，而挥霍者几乎没有变化。

这样精打细算地分析人情实在显得不近人情，用钱谈感情太伤感情，但也只有如此，礼物才不再仅仅是个人感情的寄托。正是礼物承载的互惠原则成为人类社会义务偿还体系的基础，才让分工合作和等价交换成为可能。

"谢谢"是个有魔力的词汇

然而并非只有用"涌泉"去报答"滴水"才能让互惠传递下去。沃顿商学院的教授亚当·格兰特（Adam M. Grant）和同事们发现，一句真诚的"谢谢"就可以让人更愿意再次帮助别人。他们虚拟了一个人物随机给一些人事经理发送了同样的电子邮件，请求帮忙修改求职信。收到回信后，一部分热情感谢，另一部分表现淡定。在第二次用另一个虚拟人物给这些人事经理发邮件后，曾经得到热情感谢的 66% 再次帮助了第二个人，而没有得到热情感谢的只有 32% 这么做了。因为那些热情的感谢让收件人的自尊得到了很大的满足。

因为礼物而感到负担其实是一件值得骄傲的事情，这种情绪督促着自己早日回赠，让彼此情谊持续下去；对方的感谢促使他肯定自己的做法，从而这样去对待更多的人。人与人之间的关系就这样被礼物拉近了。

路人漠视被撞女童，这也是人性？

科学家种太阳

> 经验说：对他人生命或财产的漠视是社会的道德水准下降所致。
>
> 实验说：长期处于责任高度分散和匿名的情景中，人们就形成了冷漠的从众行为方式。

对于"冷漠路人"事件，确实有理由感到愤怒。实际上，在遇到自己无法理解的事情时，人们的第一反应往往是愤怒。根据心理动力学理论，这种愤怒一般是由于对某一情景不理解而产生认知失调所导致的。不过，相比于单纯的愤怒和谴责，如果我们能渐渐平静下来，尝试着去理解可能导致这一情景的原因，或许更能避免此类事件的再次发生。

下面，就让我们把情绪从拷问良知的煎熬中平复下来，从心理学角度为这种悲剧的发生提供另一种可能的解释。

必须强调的是，我从未想过要为谁辩护，也从未想过站在某个道德高度去批判。不论是科研工作者，还是科普人士，我们要做的永远都是保持客观中立，而后陈述事实及其可能的成因。让更多的人知道必要的信息（而不是灌输结论），并且让所有人都自己去做判断（而不是引导舆论），尊重所有人的声音（而不是打击异己），这才是真正的科学态度。

责任分散：三个和尚没水喝

其实此类"冷漠路人"的事件并非第一次发生。早在 1964 年，美国就曾经发生过一起轰动一时的案件，《纽约时报》报道：在纽约某小区，一个男人在半个小时内反复袭击一名女性，有多达 38 人听到了受害人的呼救，但无一报警。后来发现报道失实，其实是有围观者报了警的。但是由于该案件情节恶劣、影响重大，且最初报道并不准确，此事在美国舆论界引起了轩然大波，甚至引起全世界心理学家的关注，并使一个概念从此深入人心——"责任分散"（diffusion of responsibility），亦即由于有他人在场，导致个体在面对紧急情境时所需承担的责任相应减少。换句话说，当大家都不约而同地在某种程度上抱着"即使我不管，也会有其他人管"的念头时，就会出现这样的悲剧。

中国古训中早有关于"三个和尚没水喝"的寓言，也恰恰说明并不是在任何情况下，都会"人多力量大"。可能有人会觉得所谓"责任分散"，只不过是一时一地的特殊情况罢了，然而残酷的事实表明，在世界各地不同文化下都会出现这种让人感到痛苦和惋惜的情况。

从众效应：不确定时的选择

可能会有人有这样的猜测：是不是路人越多，遇到一个有良知而又有行动力的"活雷锋"的概率就越大？从社会心理学的经典研究结果来看，我们只能遗憾地表示无法得出这样的结论。

甚至恰恰相反，有时可能会出现人越多越没有人肯帮忙的情况。除了由于人数增加带来的责任进一步分散之外，在不确定性情境下的从众行为也一定程度上加剧了悲剧出现的可能性。

心理学家约翰·达利（John Darley）和比博·拉坦（Bibb Latane）曾经做过以下经典实验：被试在一个休息室里等待实验正式开始，突然房间里某处开始冒出浓烟，似乎有着火的迹象。如果此时只有被试一人，几乎所有人都会毫不犹豫地前去呼救；而如果此时被试是和其他几名伪装成实验参与者的实验助手在一起，若那些人不动，被试也很少会立刻做出反应。

另一个实验中，当被试以为自己在和一个人打电话时，如果对方癫痫发作，被试会立刻报告。但如果被试以为自己同时和几个人在打电话，当有人癫痫发作了，他就不会立刻采取措施。

在这种搞不清状况的时候，身边他人的行为是我们最好的参照物。因此大家互相都在等待那个可能会站出来的"其他人"，导致最后大家彼此参照，反而没有一个人站出来。上万年的演化史，使得任何群居动物都具有了这种参照身边同类来做决策的本能，人类也不例外。

匿名效应：都市人的面具

但这同样无法解释路人的表现，他们并不是站在人群中观望，而是一个个冷漠地从受害者身边走过。难道这也是责任分散或者从众效应吗？

美国社会心理学家菲利普·津巴多(Philip Zimbardo)曾经做过这样一个实景研究。他们把两辆外形同样抢眼的敞篷包车拉下敞篷、取下车牌，分别放到繁华的纽约和西海岸城市帕洛阿尔托(Palo Alto)。

结果发现，在纽约这个繁华都市，来来往往的行人就像展开了一场拆车大赛，纷纷停下来卸走车上值钱的东西，甚至有的全家总动员，爸爸拆电瓶，妈妈清车厢，孩子负责后备厢。而在帕洛阿尔托这个人口稀疏的地区，实验人员的摄像头整整监视了一个星期都没有人"下手"，有一天下雨，还有人将车盖关上了。最后当津巴多不得不把车开回去时，竟然有热心人报警说有人偷车。于是我们不禁要问：难道经济发达程度和道德发展水平真的是成反比吗？

研究者认为，其背后的深层原因并非纽约的居民比帕洛阿尔托人更冷漠，而是其在长期生活情境下形成的固定行为模式。虽然当时的路人数量相当，但事实上，对于纽约这样人口密度大的城市来说，其中的居民已经习惯了长期处于"责任"高度"分散"和匿名的情景中，形成了特有的行为习惯。即使在围观人群不多时，也会由于其长期身处的社会大环境，而更容易萌生"我不做也会有其他人做"的心态。

推人及己：怎样避免悲剧再次发生？

理解路人为何冷漠，并非几个心理学研究就可以解释的。在不了解案情的情况下，这些不同背景的研究更不足以替他们的行为做辩护。但是，如果相信路人冷漠的背后并非因为他们冷酷无情，而是责任分散、匿名和从众导致的旁观者效应，就能在以后出现类似情况时采取相应措施增加施救的可能性。

所以，当你遇到危险时，如果希望尽快得到周围人帮助，可以遵循以下建议：

（1）当自己需要帮助时，一定要让周围人明白情况。不明确地指出自己遇到了困难，路人很难判断到底是小两口儿斗嘴还是遇到坏人，是受伤了还是本来就腿脚不好，是无家可归的流浪汉还是迷路的老人。

（2）明确责任，让人产生责无旁贷的感觉。明确责任时首选穿制服的，比如警察、军人，因为他们的制服会产生身份上的约束，赋予他们更多的责任。还可以考虑和自己相似的人，他们更容易产生同情心。如果这样的人都没有，喊"大哥，抓小偷啊！"也比只喊"抓小偷啊！"更好。同时，注视着对方的眼睛进行目光交流，或者触碰对方身体请求帮助，更容易让对方无法回避本应承担的责任，出手相助。

（3）作为生活在拥挤都市中的路人，不要总是用别人作为自己的参照物，无论是衡量现在的行为、态度，还是经济地位和生活水平。多一份义不容辞的社会责任感，不要继续做一个生活的看客。

图书在版编目（CIP）数据

假如你真的是假的 / 果壳 Guokr.com 著. —杭州：
浙江大学出版社，2016.9（2016.11 重印）
 ISBN 978-7-308-15916-6

 Ⅰ. ①假… Ⅱ. ①果… Ⅲ. ①心理学—通俗读物
Ⅳ. ①B84-49

 中国版本图书馆 CIP 数据核字（2016）第 123417 号

假如你真的是假的

果壳 Guokr.com 著

责任编辑	曲　静
责任校对	杨利军　於国娟
出版发行	浙江大学出版社
	（杭州市天目山路 148 号　邮政编码 310007）
	（网址：http://www.zjupress.com）
排　　版	杭州中大图文设计有限公司
印　　刷	杭州钱江彩色印务有限公司
开　　本	880mm×1230mm　1/32
印　　张	10
字　　数	197 千
版 印 次	2016 年 9 月第 1 版　2016 年 11 月第 2 次印刷
书　　号	ISBN 978-7-308-15916-6
定　　价	42.00 元